勝田 悟［著］
Katsuda Satoru

Environmental policy

# 環境政策の変遷

環境リスクと環境マネジメント

中央経済社

# はじめに

　自然はこれまで何度となく環境異変を発生させ，30数億年前に誕生した生命を危機にさらしてきた。この異変は，太陽をはじめ宇宙からのリスクまたは地球自体の変化によるリスクが原因で発生したものである。しかし，人類が生存している期間はまだ非常に短く，宇宙からの危機に遭遇する確率（probability）または曝露（exposure）は非常に小さい。ただし，リスクは0ではない。人類が生命の危機に遭遇する確率の急激な上昇は，リスクを十分理解しないまま，有益な部分のみを利用している科学技術が原因となっている。

　人類は科学技術における負の影響を考えずに利用したことで，これまで数々の環境汚染・破壊を発生させている。その都度さまざまな被害を発生させ，加害者と被害者が争い，いまだ解決していない事件が複数ある。環境政策は，新たな環境負荷が発生するたびに環境リスクを分析し，新たな対策を進める変遷を繰り返してきた。

　リスクを求める場合の概念式は，ハザード（hazard：被害の大きさを表す）と曝露（exposure：曝露されることを意味し，指標としては確率，濃度，量などで表す）の積で考える。東京電力福島第一原子力発電所事故のように，ハザードが大きいことはおおよそわかっていても，曝露を低くする方法をよく考えず，さらに政府が「安全」と広報してしまったことは極めて大きな環境政策の失敗である。福島から東京など関東へ送られた莫大なエネルギーは，経済効率を高め，一時的な繁栄を築くことができた。東北地方ではこれまでも津波が発生しており，発電所内の二次電源も原子炉の下に設置しており，事故の発生確率を十分に検討していない。発電所内部（内部事象）の安全管理体制は非常に厳しかったと考えられるが，外部事象対策を怠ったまま「安

全」という曖昧な言葉を使ったことは今後改善していく必要がある。「リスク」を知らせることが，本来の説明責任である。しかし，安易に「安全」という言葉は多用されている。PA（public acceptance：パブリックアクセプタンス）を取り違えている。PAは「住民説得」，「納得してもらう」，「納得させる」といった意味ではない。

これまでの公害も加害者自らが失敗を認め，改善するところからはじめなければならない。加害者を支援した政府も同じである。日本で発生した公害の多くは多数の被害者を出し，いまだに救済されていない人がいるのが現状であるが，環境法の整備は環境政策のもと進みつつある。地球環境に関しては，失敗をし続けているが改善することに国際的なコンセンサスを得られているとはいえない。エネルギー政策，資源政策および経済政策が優先されてしまっている。この政策が世界の多くの人々の合意を得た方針ということとなると，人類生存の持続可能性は日々低下していくだろう。

したがって，利便性またはGDP（Gross Domestic Product）拡大と引き替えに，環境の変化，すなわち人や生物にとっては環境汚染，環境破壊を複雑に拡大させ，人類にとっては，地球上で自ら生命の危機に遭遇する確率を上げている。

人類のこの短絡的な行動は，非常に残念なことであるが，日本における1960年代に明白になった四大公害においても，加害者は被害者と戦う行動に出ている。裁判においては，なんと行政も加害者を支援している。さらに被害者認定，公害発生原因の責任に関しては（2019年9月現在）いまだに裁判が続いているが，被害者が高齢化したことで継続が難しくなってきている。異常な風評被害の発生で，被害で苦しんだにもかかわらず泣き寝入りする人も大勢いる。科学技術は人を幸せにするために研究開発が進められているはずであるが，これでは本末転倒である。

環境政策は他の政策と複雑に関連し合い，さまざまな社会動向に敏感に反応する。このことが環境政策策定の大きな障害になっているが，合理性を持ったブレークスルーは必ず存在するはずである。本書では，環境学が社会

科学と科学技術の境界領域にあることを考慮し，今後のあり方を議論した。読者が何らかの視点で，環境政策の何らかの事柄に興味を持っていただけると幸いである。

　また，本書は続刊『環境政策の変貌』と対をなしている。

　本書『環境政策の変遷』では，環境問題発生の対策として再発防止を主眼とした環境政策の「変遷」について述べており，『環境政策の変貌』では，環境の急激な変化を経済活動の重要な問題と位置づけ，人の活動を自然循環に近づけるようになった環境政策の「変貌」について論じている。

　環境政策を異なった視点から解説しているので，本書と合わせて『環境政策の変貌』もお読みいただければ幸いである。

　最後に，本書の出版にあたって，株式会社中央経済社 学術書編集部編集長 杉原茂樹氏に大変お世話になった。心からお礼を申し上げたい。

2019年9月

勝田　悟

# 目　　次

はじめに・i

## 序　変化する環境──適応の可能性
　(1)　生物の繁栄と衰退・1
　(2)　人の活動による環境変化・4
　(3)　環境政策の行方・7

## 第Ⅰ部　生命と生物量
### Ⅰ.1　生命の誕生 ……………………………………………………… 12
### Ⅰ.2　森林利用 ……………………………………………………… 14
### Ⅰ.3　新たな資源 …………………………………………………… 18
　(1)　自然資本・18
　(2)　光合成・20
### Ⅰ.4　廃棄物の利用 ………………………………………………… 22
　(1)　二酸化炭素の固定化・22
　(2)　排泄物・23
　　①　家畜排泄物・23
　　②　下水，家庭からの排泄物・24
　(3)　食品廃棄物・26
　(4)　製紙・29
　　①　黒液（パルプ工場廃液）・29
　　②　古紙・30
　(5)　廃棄木材・32
　(6)　未利用バイオマス・34
### Ⅰ.5　プラスチックと生分解性材料 ……………………………… 36
　(1)　プラスチックのリサイクル・36
　(2)　生分解性および石油由来プラスチック・38
　　①　プラスチック開発の経緯・38

② 生分解性プラスチックの開発・40
　　(3) 高機能性材料・42

## 第Ⅱ部 自然消費と持続可能性

Ⅱ.1 自然の恵みと人との関わり ................................................ 48
Ⅱ.2 自然と科学技術 ........................................................... 51
　(1) 有害物質・51
　　① 環境負荷の考え方・51
　　② エコリュックサックと原子効率・52
　　③ 有害性（ハザード）・53
　(2) 人工物・54
　　① 古代の価値観・54
　　② 鉱物の加工・56
　　③ 科学技術向上とリスクの知見不足・58
Ⅱ.3 自然の喪失 .............................................................. 62
　(1) コモンズ崩壊・62
　　① さまざまな空間・62
　　② 文明と自然・65
　　③ 人為的変化・67
　(2) 身近な存在―水の供給・69
　　① 風評被害・69
　　② 気になる環境リスクと気にしない環境リスク・70
　　③ 水の循環・71
　　④ 飲料水・72
Ⅱ.4 生物資源 ................................................................ 75
　(1) 海洋資源管理――捕鯨・75
　　① 商業捕鯨・75
　　② 古来の捕鯨文化から商業捕鯨へ・78
　(2) 食料生産・80
　　① 食料のエコリュックサック・80
　　② 食品のLCA・81
　　③ 食料生産の工業化・83

　　　　④　ポジティブリスト・85
　　　　⑤　コーデックス委員会・87
　　(3)　有機農業・88
　　　　①　有機農業の推進・88
　　　　②　各法の推進方法の相違・89
　　　　③　有機農業の環境負荷・90

## 第Ⅲ部　汚染被害の対処

### Ⅲ.1　汚染発生源と対策 …………………………………… 96
　　(1)　環境施策の基礎・96
　　　　①　未知な問題と汚染発生・96
　　　　②　たたりとされた自然放出ガス——九尾の狐・98
　　(2)　公害事件　企業・行政と一般公衆・100
　　　　①　イタイイタイ病・100
　　　　②　水俣病・101
　　　　③　四日市公害・102
　　　　④　工業化と環境汚染・破壊・104
　　　　⑤　CSRによる公害対策・105
　　(3)　環境負荷・107
　　　　①　環境負荷はコスト・107
　　　　②　間違った科学の利用・108
　　　　③　有害性がよくわからない物質・111
　　　　④　環境基準——排出基準より厳しい政策目標・114
　　(4)　直接的規制・116
　　　　①　強制力を持った規制・116
　　　　②　規制の要件・118
　　　　③　モニタリングの進展・119
　　　　④　REACH規制——製品中の有害性を把握・122
　　(5)　経済的誘導規制・123
　　　　①　経済発展と経済的格差・123
　　　　②　市場の誘導・125

### Ⅲ.2　環境媒体ごとの規制 ………………………………… 131
　　(1)　排出基準・131

　　　　　① 水質・131
　　　　　② 大気・132
　　　　　③ 自動車排ガス・136
　　　(2) 廃棄物・138
　　　　　① 資源から廃棄物への変化・138
　　　　　② 処理・処分・139

　Ⅲ.3　環境リスクの指標 ................................................ 143
　　　(1) 環境指標・143
　　　　　① 基本的コンセプト・143
　　　　　② PSR・144
　　　　　③ 各環境指標の体系・146
　　　(2) 環境影響評価・148
　　　　　① 国際的な開発プロジェクト・148
　　　　　② 国内の環境アセスメント・150
　　　　　③ 指標生物と生態系・151
　　　(3) エコロジカル・フットプリント・152
　　　　　① 概念・152
　　　　　② 考え方の応用・153
　　　　　③ フードマイレージ・155

　Ⅲ.4　事故対処 ...................................................... 157
　　　(1) 有害物質の漏洩・157
　　　　　① スーパーファンド法改正法・157
　　　　　② 松花江汚染事件・158
　　　　　③ 日本の対処・158
　　　(2) 放射性物質汚染・159
　　　　　① 原子力発電所のリスク管理・159
　　　　　② 福島第一原子力発電所とその対処・161
　　　　　③ 原子力から再生可能エネルギー利用へ・163

資料　環境保全に関する主要な変遷・169

参考文献・176

索引・179

# 序　変化する環境——適応の可能性

## (1) 生物の繁栄と衰退

　地球に生息する生物は、環境の変化でこれまで何度も絶滅の危機に遭遇してきた。多くの種が消滅し、現在では化石でしか見られなくなってしまったものも多い。この環境変化には、宇宙での変化が影響していることが多い。137±1億年前に莫大なエネルギーで発生したと考えられている宇宙は、解明されていないエネルギーを得て加速膨張している。宇宙の極めて小さな銀河系、またその中のほんの一部の太陽系、さらにその中の極端に小さな惑星である地球では、宇宙で起きるちょっとした変化で簡単に全球規模の影響を受ける。

　約24億5000万年前から22億年前および約7億3000万年前〜6億3500万年前に二度起きたとされるスノーボールアース（全球凍結）や地球温暖化などさまざまな理由で発生した気候変動、加えて、二酸化炭素やイオウ酸化物によって生成した酸性物質などによって多くの種が絶滅している。特に約2億5000万年前のペルム紀に発生した海の酸性化は、火山活動で大量に発生した

**図序-1　三葉虫の化石**
ペルム期に発生した海の酸性化（生物大絶滅）によって、環境中に繁殖していた三葉虫が姿を消した。

二酸化炭素が溶け込んだことによって発生し，海に生息していた生物の90数％が絶滅した。海は約pH8.1とアルカリ性であるため，酸性化することによって海生生物が生息できなくなる。この時期に三葉虫も絶滅したと考えられている。現在問題となっている大気中の二酸化炭素増加による地球温暖化においても，海の酸性化が懸念されている。

　局所的にも，地下から噴出するヒ素や水銀，鉛，イオウなど有害物質によって多くの生物が命を落としている。これら環境汚染・破壊被害は，現在の問題となっている環境変化と同様のシステムで起きている。現在でも酸性泉の温泉などで噴出しているイオウ臭のガス（イオウ化合物：硫化水素，酸化イオウ）は，高い有害性を持つ。イエローストーン国立公園（世界自然遺産）の間欠泉（熱水泉）や日本をはじめ世界各地にあるイオウ泉が吹き出す周辺（イオウ華：イオウ単体の固体［常温］は黄色，湯の花：コロイド状イオウは白濁色）では，強い酸により植物が枯れていたり動物が死んでいたりすることが多い。イオウ単体では酸化（発火）しやすく，（黒色）火薬の原料にもなっている。このイオウが空気中で酸化したものが$SO_x$（ソックス）といわれ，石炭や石油などイオウを含んだ燃料の燃焼時に発生し，酸性雨による公害の原因物質となっている。

　一方，地球にはイオウ細菌というイオウおよび無機イオウ化合物を酸化あるいは還元しエネルギーを得て生息する細菌類や，草津温泉やイエローストーン国立公園などで約pH2.0の強い酸性で生息するイデユコゴメ（出湯小米）という藻類も存在し，生物は環境に適応していくことも確認できる。人

**図序-2**　強酸の中で生息する藻類

草津温泉で生息する藻類イデユコゴメと湯の華（イオウ，カルシウム，ケイ素など析出物）。この他チャツボゴケはイオウを含んで繁殖する。

類も氷河期を何度も乗り越えてきており，その都度危機にさらされている。厳しい環境で生息する生物は，持続的に生存していくために耐性が備わっている。

そもそも約4億数千万年前まではオゾン層がなく，生物を死滅させる強い紫外線によって陸上には生物が生息することができなかった。オゾン層は，30数億年前に海に誕生した藻類が光合成を行ったことによって発生した酸素が，少しずつ約30億年という長い時間をかけて成層圏で宇宙からの強いエネルギーによって変化し生成されたものである。オゾンは紫外線を吸収する性質があったため，陸上に生物が生息することを可能にした。この地球環境変化によって多くの動植物が繁殖し，生態系が形成できた。海中でも5億数千万年前に発生したカンブリア爆発で，現在生息する無脊椎動物の祖先のほとんどが出現したとされている。このきっかけも，わずかにできたオゾン層や前述のスノーボールアースが影響しているとの学説も唱えられている。陸上では，植物や微生物などが大量に繁殖し，二酸化炭素が固定化され，その死骸が地球に埋まり，化石燃料（石炭や石油，天然ガスなど）が自然の中で生成している。海底では，二酸化炭素を固定化する藻類が発生して以降，多くの生物が生まれ，それらの死骸の有機物が化学変化し，化石燃料（石油，天然ガス，石油ガスなど）となり大量に蓄積している。現在，それら化石燃料を猛烈な勢いで人間が消費（酸化）している。

他方，地球上で死に絶えた生物の中には，宇宙全体の大きさに比べれば塵にも満たない小惑星（直径約11km）が約6550万年前に地球に偶然衝突しただ

**図序-3　アンモナイトの化石**

アンモナイトは絶滅前は世界の海に広く生息していた。類似のオウム貝も同時期に生息していたが絶滅せず，現在も熱帯の海に生息しており生きた化石といわれている。

けで起きた大規模な気候変動が原因で絶滅したものもいる。この衝突時に地上の覇者であった恐竜が死に絶えたことによって、最強の敵がいなくなった人類の祖先であるほ乳類や鳥類が地上に繁殖していく。海中で広く分布していたアンモナイトもこのとき絶滅している。

## (2) 人の活動による環境変化

これまで述べた宇宙、地球の変化は超長期間を要しているが、人類が原因となっている環境問題は、極めて短期間で引き起こされている。この人為的に生じている急激な環境変化は、現在私たちの生活そのものを脅かしている。恐竜が食物連鎖の中で1億数千万年も生き続けられたのは、自然を大きく改変しなかったからだろう。現在生存している生物も、環境に適応することによって生存してきている。したがって、人間の活動によって破壊され元に戻らなくなった環境（地球規模の気象変化や生物多様性の喪失など、いわゆる不可逆的な変化）に適応していかなければ、生物は生息できない。人類の生存も脅かしている。地球上または宇宙のどこかで、人間に都合がよい自然を人工的に作り出すことは現在のところ不可能である。生態系を人工的に作ろうとした研究プロジェクトであるバイオスフェアⅡという米国で実施した研究プロジェクトの失敗で、これは証明されている。人類は自然と共生しているというより、自然の一部であると考えたほうが妥当であろう。

科学技術の発展と社会科学の展開は、人類の可能性を広げ、将来の選択肢を増やした。原子レベルでの操作、素粒子レベルでの解析なども進み、生命科学は、人も含めた生物の発生、遺伝子レベルの操作の領域まで人工的にできるようになってきた。一見巨大な力を持ったかのように、人間は自分たちが持つ知的レベルを誇大に考えるようになっている。経済学は、より効率的にこれら開発を進めている。人類の価値観は、GDPの向上中心の考え方となっていき、地球上の限りある世界の中で無限の消費を疑わず、いずれ破綻するあり得ない発展に向かって突き進んでいる。幸福に対する価値観が麻痺

しているかのように,「モノ」と「サービス」を繰り返し追い求め続けている。

　他方,2011年3月に発生した東日本大震災では,予想できない自然の変化が人に大きな被害をもたらすことが再認識された。人がいつも見ている自然は,いつまでも変わらないと錯覚してしまいがちであるが,実は常に変化しており,地震や津波のように巨大なエネルギーは自然の景観をも一瞬にして変えてしまう。これまでも,台風や豪雨などで洪水,土砂崩れなどが発生し,数千人規模の被害者が出てしまった甚大な災害は数多くある。人はその都度,再発防止を考え,対策を立ててきた。

　しかし,東日本大震災で被災した福島第一原子力発電所の事故のように,人に極めて多くのサービスを与えてくれる技術が自然災害によって短時間で広域に環境汚染を引き起こし,膨大な人に悲惨な被害を与えてしまう事件も発生している。核反応など,人がまだ十分にコントロールできないものを実用化・普及させても,一度の失敗で予想しない事態を発生させるおそれがある。失敗するたびに再発防止対策を積み重ねていけばリスクは低下していくが,犠牲が極めて多いのが現実である。時間が経つと失敗を忘れてしまうこともある。さらに,まだ発生しない事態を予見し,結果を回避する予防は極めて難しい。

　なお,日本では,福島第一電子力発電所事故以降,放射線被曝リスクも環境汚染の重要な項目であることがようやく確認された。少しでも早く科学的根拠を持った被曝防止基準が必要である。宇宙にはさまざまな放射線が普通

図序-4　**放射線量表示**
放射線被曝は,体の部位で健康影響も異なってくる。人体全体に対する影響の大きさを評価した値を実効線量といい,シーベルト（Sv）と呼ばれる単位で示す。ただし,この数値を表示してリスクを理解できる者は少ないと考えられる。

に飛び交っているが，地球上の生物にとっては遺伝子異常や生体に危害を与える見えないエネルギーである。放射線が人工的に作られるようになってからは，地球上に知らぬ間に新たな発生源（放射性物質）が増加している。核反応を利用した爆弾をいまだに作っている者たちがいる。間違った科学技術の使い方であり，愚かな科学技術政策である。環境保全を全く考えていない，自ら生存の持続可能性を損なう間が抜けた行為であることに気づかなければならない。

一方，人は自由であり，さまざまな価値観を持った者がいるのも当然である。また，環境破壊・汚染による影響があるリスクの大きさも人さまざまであるため，利益の違いで共通した目標を持つことは極めて困難である。ただし，自由という権利のもとでは同時に義務も生まれる。自由な活動に対して自己規律も持たなければならない。これが失われると至るところに歪みが生まれる。気候変動や紫外線増加に関しては，国家間における地政学（Geopolitics）上の利害や，途上国，工業新興国，先進国の現実的な（短期間的視点で）利益を得るための戦略など複雑な関係があり，共通の価値判断を求めることは非常に困難である。

ただし，人類が自然景観に対して持つ価値観，すぐれた技術に対して持つ価値観については，国際的に共通なコンセンサスがあることも確かである。「世界の文化遺産および自然遺産の保護に関する条約」に基づく世界遺産は，人類共通の価値を定めている。環境変化に関しても，保全すべき自然の価値にコンセンサスを持つべきであろう。環境政策は，本来人類が持続可能に生

図序-5 世界文化遺産（ベルギー・ブリュッセル：グラン・プラス）

世界で最も美しい広場といわれ，歴史上重要な建築物で，人類の価値の重要な交流を示すものとして1998年に世界遺産に登録された。

存するための最も重要な方策を進めることにあるが，これまでは環境汚染・破壊の再発防止が中心となっていた。これからは変化する自然への適応が重要課題となる。

## (3) 環境政策の行方

　環境政策は，自然科学と社会科学の双方の視点から十分検討を行わなければ合理的なものとはならない。自然科学面，経済面などから定量的な効果が短期的に現れても持続可能性を持った発展になるとは限らない。却って，長期にわたって無駄を蓄積してしまう可能性がある。しかし，人の思考能力には限界があり，事前にデメリットを把握して行動することより，理解できる範囲内でのメリットあるいは利益に注目しがちである。経済バブルのようにいろいろと形を変えて，いずれ破綻するとわかっていても目の前の利益を追い続けることも起きる。これまでに何度も同じ失敗を繰り返している。金融工学は，場合によっては幻想を作り出してしまうリスクを秘めている。

　社会全体がヒステリックになってしまうと新たな社会的慣習が生まれ，収拾がつかなくなる。いまだコントロールを十分に行うことができない核エネルギーは，まず猛烈な破壊と生物の死滅を目的とした大量破壊兵器（weapon of mass destruction：以下，「WMD」とする）に利用するために科学技術が結集された。エンリコ・フェルミ（Enrico Fermi）とオッペンハイマー（John Robert Oppenheimer）によって作られたウラン235とプルトニウムの核分裂による原子爆弾は，日本の都市を襲い悲劇的な結果を生み出してしまっている。その後，太陽をはじめ恒星のエネルギー源となっている核融合のシステムを応用し，さらに強力な核爆弾である水素爆弾が製造されている。大量の人が直接殺し合う戦争ではなく，一度核攻撃をしかけたら，その応酬の繰り返しで生物すべてが滅亡するといった極度の不安に基づいた平和が維持されている。その他にも，生物（ウィルスなども含む）兵器やホスゲン，サリン，枯れ葉剤などの化学兵器も研究開発が進み，WMDの種類

は増加している．WMDによって維持されている平和と環境の消滅が，不安定な釣り合いで維持されている状況である．近年では，大国では宇宙での戦争も想定した宇宙軍も作られており，高度な科学技術を利用した破壊システムが地球全体に整備されている．人工衛星同士が衝突した破壊片など，地球の軌道上に莫大な量のゴミが高速で回っている．このゴミはスペースデブリ（space debris）といわれており，宇宙船に衝突したり，宇宙での作業での大きなリスクとなっている．速度が落ち地球の重力によって落下すると，地球上での危機となる．原子炉を積載した人工衛星が予定外の場所に落下した場合，大惨事（放射線汚染など）になることが懸念される．

すでに人類の活動によって破壊された環境は後を絶たず，それらは人類の幸福度の強力な指標となっているGDP（Gross Domestic Product）を向上させるために行われていることから，見切り発車的に進められているものも多い．サイバー攻撃のように相手にダメージを与え，不正な利益を上げようとする社会的なリスクも増加している．新たなモノを作るより，壊すほうがはるかに容易である．137±1億年前に始まったとされる宇宙の中で，地球に生態系が形成されたのは，多くの偶然が重なった非常に低い確率である．人類は，この数百年で地球の環境を大きく変えてしまっている．その時間が短いのか，宇宙の歴史の中ではほんの一瞬にも及ばないほどわずかなのか，あるいは非常に長いのか比較するものがないため不明である．WMDは，取るに足らないエネルギー量であり，一瞬の化学反応に過ぎないかもしれない．

人間の時間，空間に対する感覚的な広がりは人によって非常に大きく異なる．生まれる前および死後の時間は果てしなく長く，いつまで続くのかわからない．視野に入る空間は極めて小さく，現在加速膨張している宇宙から見ると，みるみるうちに微少になっていく．そもそも，時間が始まったとされるビッグバンを発生させた途方もなく大きなエネルギー，宇宙を加速膨張させているダークエネルギー，天体間に働いている力学では説明できない重力の存在（ダークマター）と人類の存在自体，わからないことばかりである．

そもそも人が感覚的に捉えている「短期的」，「中期的」，「長期的」といっ

た言葉自体が実に曖昧である。しかし，人類は限られた時間と空間の中で，人の一生の長さを1つの尺度として時間の長さを捉えている。宇宙から見れば，人が生きている時間は短期なのか中長期なのか区別はつけられない。人が関与する空間も，何をもって大きさを決めるのか不明である。自分が見ることができる空間は，生きているときのみの時間であるため，その前後の時間に関してはあまり関心を持たない場合がある。考古学のように過去の事実を解明していく学問は確立しているが，将来の地球の姿をシミュレーションするような研究は，多くの人の利害が関係しているため，国際的なコンセンサスを得ることは難しい。

　環境政策の目的の1つとなっている「持続可能な開発」には，可能な限り先手を打った対策が必要である。しかし，現状では環境変化への適応と，環境破壊を遅らせることで手一杯といったところであろう。国際的な社会システムの進展としては，2016年に発効したSDGs（持続可能な開発のための目標）の取り組み，グリーンファイナンスなど大きく変化しつつある金融の環境保全への取り組みなど，次々と新たな展開がある。さらに，広義での福祉，社会貢献，ジェンダー差別の解消など，人類の将来に少しずつ修正が加えられてきている。社会的なフェアは見いだすのは極めて難しいが，常に見直していくことは必要である。政府，企業のガバナンスも客観的に評価していくことが重要である。

　環境政策は，自然と，社会および文化的要素に基づいて展開していかなければならず，時間的，空間的な変化を，マクロ，ミクロで見ていかなければならない。エネルギー政策，金融政策，経済政策，科学技術政策，安全保障政策，労働安全，食品安全などとそれぞれに深く関連しており，人，生物を中心とした最も身近な生活を対象にしているといえる。

# 第 I 部

# 生命と生物量

## 概要

　バイオマスは光合成で作られ，生命を維持していくうえで最も身近で重要な物質である。エネルギー，材料に使用され，生活に多様に使用されている。しかし，大量に使用され始めてからバイオマスの減少が問題となり，合理的な消費方法が必要となっている。

　化石燃料は，生物資源が反応物で自然の中で反応し生成したものである。バイオマスも燃焼できることから，エネルギー使用が期待されている。第 I 部では，生命にとって最も重要なバイオマスについて，再生可能な材料，エネルギーとして最も適切な利用のあり方を考える。

## Keyword

カーボンニュートラル，カーボンネガティブ，カーボンポジティブ，化石燃料，再生可能エネルギー，再生可能物質，森林の間伐等の実施の促進に関する特別措置法，生物多様性，家畜排せつ物リサイクル法，黒液，RPF (Refuse Paper & Plastics Fuel)，バイオマス発電，プラスチック，生分解性，機能性材料

## I.1 生命の誕生

　地球に生命が存在するのは，30数億年前に藻類が光合成を始めたからである。現在でも，地球で初めて光合成を行ったシアノバクテリア（藍藻類）が，有機物を地球表面に大量に生産し，複雑になった生態系を形成するための重要な構成要素となっている。ストロマトライト（注1）という化石になっているものもある。その後，さまざまな生物種の繁栄，衰退，絶滅を繰り返し，現在は人類が多くの生物種の生存に最も大きな影響力を持つようになった。人の主食となっているトウモロコシやイネ，麦など植物，家畜となっている牛や豚，鶏，山羊，またペットとなっている犬，猫などは，地球上で繁栄している生物種である。人類が生存していくために不可欠なものは，光合成によって作られているといってよい。

　バイオマス（biomass）とは，日本語に翻訳すると「生物量」となり，エネルギー源としての「生物資源」を意味する場合がある。広義には，植物，動物すべてを範疇とする言葉である。一般的には，バイオマスエネルギーは，再生可能エネルギーのみを示しており，化石燃料（fossil fuel）は含まれない。しかし，石油，メタン（天然ガス）は，海中に生息していた生物の死骸が海底に蓄積し，圧力と熱が加えられ変成し化石燃料となっていった。また，光

**図 I-1　牛舎で飼育される牛**

日本では，牛は明治以前，農業などの耕作，運搬などに使われる家畜だったが，近年は肉，牛乳・乳製品の食用，皮製品を生産するために飼育されている。世界中で牛肉，乳製品需要が高まり，人が繁殖させた生物種の1つである。

第Ⅰ部　生命と生物量

図Ⅰ-2　**日本で人工的に大繁殖した稲**

古代は，日本には稲田はなかったが，紀元前4世紀頃（弥生時代）大陸から稲作技術が伝えられ，貯蔵できる食糧である米を人工的に栽培できるようになる。狩猟，漁猟，自然植物採取だけでは採取量が不安定なため，安定した生活が可能となる。同様に，家畜，卵，魚も人工的に育成できるようになった。しかし，高床倉庫など稲を害虫被害から守る技術，金属器具の利用など人工的管理方法が必要となった。

合成によって酸素が生成される前よりイオウ酸化物を吸収する嫌気性生物の死骸が堆積されていったと考えられている。したがって，化石燃料もバイオマス由来の化学物質ということとなる。また，木材などさまざまな材料，食料，あるいは生分解性プラスチックなども同様に光合成によって作られた有機物でありバイオマスである。

　光合成が始まった頃の地球に酸素はなく，二酸化炭素の濃度が非常に高かったため，光合成によって気体の二酸化炭素を固定化（固体または液体の炭素化合物に変えること）し，バイオマス固体（有機物）へと代え現在の大気濃度まで減少した。二酸化炭素は，赤外線（熱）を吸収するため気温を上昇させるが，減少したことで地球の平均気温が低下し，平均気温が約15℃（世界気象機関：WMO）になったと考えられている。光合成の生成物の酸素は，最初は地球上の物質を次々と酸化させた後，オゾン層を生成した。宇宙から降り注ぐ紫外線も遮断できたことから，地球上に生命が次々と生まれ，バイオマスも増大していくこととなる。

## I.2　森林利用

　人類は，草や木を燃やして火を使い始めたことで新たなエネルギーを持つこととなる。燃焼（酸化）によって二酸化炭素から固定化した炭素（有機物：バイオマス）を，再び二酸化炭素へと変換していくこととなる。燃焼で消費したバイオマス量が，光合成で新たに生成するバイオマスと同等の量ならば，大気中の二酸化炭素の量は増加しない。いわゆるカーボンニュートラル（carbon neutral）の状態となり，環境中の炭素循環が繰り返されることとなる。したがって，人の生活に直接関連しない草むら，原生林も二酸化炭素を固定化しており，炭素循環における炭素の固定化に重要な存在である。

　しかし，燃焼による二酸化炭素の発生量が，光合成による炭素固定化を上回るとカーボンネガティブ（carbon negative）状態となり，環境中の物質バランスが変化することとなる。日本のように四季がある地域は，冬に広葉樹が葉を落とし光合成が減少するため，大気中の二酸化炭素量が増加している。地球における北半球と南半球では，二酸化炭素量が常に一定であるわけではない。夏は草木に葉が生い茂り，光合成が大量に行われることから冬に比べると二酸化炭素量は減少する。季節間の比較で考えれば，夏はカーボンポジティブ（carbon positive）ということとなる。しかし，地球全体の大気中二酸化炭素量は，森林など植物が増加しないとカーボンポジティブとはならない。

　ダムを利用した大規模水力発電を除いて，各種再生可能エネルギーは，エネルギー生産にあたり1器機のエネルギー密度（単位体積［容積］当たりのエネルギーの量）が低いことが最も大きなデメリットとなる。現在人類の活動には，大量のエネルギーが必要となっており，再生可能エネルギーの供給で需要を満たすには，莫大なエネルギー生産設備が必要となる。生産設備お

よびメンテナンス，廃棄処理処分に関して，地球温暖化原因物質排出およびその他の環境負荷に関して，LCA（Life Cycle Assessment：ライフサイクル全体に関する総環境負荷量）を踏まえて行わなければならない。途上国で安価なエネルギー生産設備を製造し，生産コストを低くできても，別の（または別の場所で）環境負荷が大きくなると，環境改善のための環境コストが見えないところで膨らんでいく。

　バイオマスエネルギーの場合，森林，または木材チップ（chip：木材の破片），ペレット（pellet）(注2)を山林から運び出す必要があり，運搬に新たにエネルギー（およびコスト）が必要となる（図Ⅰ-3参照）。日本の材木コストが高額である理由の1つでもある。一方，バイオマスストーブ・ボイラーやバイオマス発電に使用する木材チップ，ペレットの供給を確保する必要がある。以前は森林から排出された間伐材などは廃棄物として見なされ，「廃棄物の処理及び清掃に関する法律」のもと処理・処分するしかなく，エネルギーとなる廃材を無駄にしていた。

　しかし，その後，農林水産省林野庁の方針が変化し，①森林の持つ国土の保全，および②地球温暖化の防止などの公益的機能を高度に発揮するために，「人工林の間伐等に関して手入れを適時適切に進め森林を適切に整備・保全することが必要」との見解に改められ，「森林の間伐等の実施の促進に関する特別措置法」（2008年制定・施行）が定められた。この法令により「地球温暖化防止に向け，森林の適切な整備及び保全を通じ，我が国森林による二酸化炭素の吸収量の確保」が行われている。間伐材もエネルギー源などに利

**図Ⅰ-3　木材，木材チップの搬出現場**

日本の山岳地帯は，急斜面が多いため木材の運搬が困難な場所が多く，林道などの整備も遅れている。ただし，森林の保水能力など環境影響評価を十分検討しないと洪水，地滑りなど災害のおそれがある。

用できるようになった。当初は「気候変動に関する国際連合枠組条約 京都議定書」を背景に進められてきたが，その後改正され，利用可能な資源の整備に重点が置かれ進められている。関連市町村への支援措置なども定められ，間伐などの森林整備が具体的に行われている。カーボンネガティブにならないような人工林の合理的な利用が期待される。

　熱帯地方では，人口の増加によりエネルギーとしての森林利用が拡大し，乱伐されることによって，砂漠化，保水能力低下による洪水など大規模な自然災害が発生している。先進国，工業新興国へ輸出するために熱帯雨林を大量伐採し，地球のバイオマス量を減少させている。日本国内においては，無計画な住宅造成や都市開発で森林が切り開かれた場所で保水能力がなくなり，洪水や地滑りなど自然災害がたびたび発生している。中長期的な自然システムを考えない開発は，予想しなかった災害を発生させることとなる。地球温暖化による気候変動はそのリスクを急激に高めている。また，森林など緑地は生態系の維持にも不可欠な存在で，自然を利用している農業には最も重要な要素である。特定の季節しか見ることがない渡り鳥が飛来する森林などの自然破壊は，長期間を要して生態系の変化を引き起こす。自然はゆっくりとしたペースで変化するため，人が気づきにくいものも多くある。森林を消滅させるような開発は，長期的で，広い視点で負の影響を十分に検討していくことが望まれる。

　森林から得られる薪を暖房に利用することは，人類が火を利用したときから行っていたことであり，地球上に人間の数が非常に少なかったことから，自然の炭素循環を狂わすことはなかったと考えられる。現在，暖房の炭素源をすべて自然の森林から得ると森林の乱伐となり著しい環境破壊（生態系の破壊も含む）となるが，使用できる範囲内でバイオマス量を適正に管理した状態で消費すれば，カーボンニュートラルを維持することができる。間伐材のように合理的な森林管理で発生した無駄なバイオマスなどの利用も，環境負荷を低くする方法である。家庭用の薪ストーブ（図Ⅰ-4参照）も大量の薪が必要であり，事前に安定した調達方法も考えて利用することが望まれる。

**図Ⅰ-4　薪ストーブ**
森林で増加した森林，または間伐された樹木を薪などとして利用し，バイオマス量を管理していれば，暖房に利用してもカーボンニュートラル状況が維持できる。ただし，計画的に管理しないまま薪を作り生産すると，炭素の自然循環は崩れ，大気中の二酸化炭素が増加することとなる。

バイオマスを使用しているから環境保全に貢献しているとは，安易には認められない。

## I.3 新たな資源

### (1) 自然資本

　人類の人口が増加し，活動が増加したことにより，自然から供給されるエネルギーが不足し，新たに石炭，ついで石油，天然ガス，そして原子力発電へと，高いエネルギー密度の燃料が次々と開発されていくこととなる。特に大航海時代（15世紀半ば以降）から，スペイン，大英帝国をはじめ欧州の国々が世界中に植民地を持ち，船の建造や戦争に大量の木材材料と木材エネルギー（薪や木炭）が必要となった。このため，欧州各国で森林の多くが消滅することとなった。現在，欧州には人工的に作られた美しい森林をあちこちで見ることができる。森林が伐採されエネルギーが不足してくると，石炭の採掘が本格化してくる。産業革命によって石炭（質の悪い英国の泥炭やドイツの褐炭も含む）が大量に使用され，その後の科学技術の発展に伴ってさらに大量にエネルギーが消費されることとなる。熱を利用した動力（ボイラー，自動車など）も飛躍的に増加する。

　鉱物から金属など無機物質を分離精製する際にも，大量のエネルギーを消費している。鉄も砂鉄から鉄材を作る際に，タタラ鉄では木炭（木を蒸し焼き［不完全燃焼］して作った燃料）を利用（熱および還元）していたが，近代の鉄の大量需要には対応できず，石炭を加工して作られるコークスを利用するようになった。その他の金属鋳造，セメント製造など，化学工業でも多くの化石燃料が使われ，加工，重合させて作られる莫大な量のプラスチックと大量の化石燃料が採取・消費されるようになった。

　これら燃料を，自然に生息する草木から供給できるバイオマス量で賄うこ

とは不可能である。地球上のバイオマス量を維持し，人類の現在の生活を維持したまま，自然から供給されるバイオマスに頼るのは非常に難しい。バイオマス量を増加させるには，遺伝子組換えなど人工的な遺伝子操作を行い，森林や生物の成長を不自然に早くするか，エネルギー（食料も含む）やバイオマス材料生産を目的に，別の技術をもって人工的に生産性を向上させるしかない。

農業技術は，化学肥料，農薬，農業機械技術および干拓や川の流れを変えてしまうような大規模な土地整備事業など，すでにさまざまに行われている。化学肥料の大量使用は，土壌中の窒素分（硝酸性窒素）増加で土地を疲弊させ，農業の持続性を失わせている。生物学者レイチェル・カーソン（Rachel Louise Carson）が指摘したように，農薬の大量使用など間違った使い方は，生態系を破壊している。ダムは，水利用，治水，電力供給と人の生活を平穏無事にし，豊かにしている。農業用水の確保にも有効に働いているが，ダム湖による生態系の変化は避けられず，川からの栄養塩の流出を減少させるため，海（漁業）の環境に影響を与えている。

漁業は，漁猟が中心に行われているが，海洋資源が急激に減少し，海洋生物の生態系が崩れている。その対処として，農作物などの植物栽培・畜産業のように，人工的に海生生物の生育・生命を管理する養殖が盛んになってきている。価値が高い魚類に関しては新たな技術開発を行い，養殖による安定した増産を行っている。特定の海生生物だけが棲む海洋生態系は極めて不自然であるため，農業と同じように特殊な栄養（餌），薬剤（抗生物質），機械による人工的な管理が行われている。

農業や養殖では，同一の生物のみの特殊な（不自然な）環境のもとで栽培・飼育されているため，害虫，病原体，環境の変化に弱い。このため多くの薬剤などを使用しているが限界があるため，一度ウィルスなど病原体が蔓延すると大きな被害が生じる。この対策としては，病原菌などに強い性質がある遺伝子を挿入する遺伝子組換え技術がある。遺伝子操作すれば成長のスピードを早めることもでき，安定した生産性の向上も図ることができる。し

かし，生物の遺伝子操作は，環境中の生物多様性（biodiversity）のバランス崩すおそれがある。「生物多様性条約（Convention on Biological Diversity）」（1993年発効）では，多様性の定義を種内，種間，生態系の多様性を含むとしており，別の生物の機能を組み込まれた新生物が多様性の中での新たな位置づけとなり，中長期的に生態系に影響を与えることが懸念される（遺伝子操作に関しては，第Ⅲ部で詳細に論じる。）

人類は，これまでにも多くの特定の生物を増殖させてきたが，食料（農業，水産業）や材料（林業など）を供給するために新たな生物に期待している。バイオマスは食料を燃料として利用することもできるため，一時期米国政府が政策的に農作物からバイオ燃料（アルコール発酵して生成）を製造することを図ったが，途上国の食料（穀物など）を奪うこととなり国際的な問題を生じた。バイオマスの利用において経済的価値を優先すると，経済格差における弱者の生活をも脅かすことになる。バイオ燃料を的確に使用するには，負の影響指標としてエコロジカルフットプリント（第Ⅲ部2(3)参照）の表示も必要である。

(2) 光合成

他方，藻類のミドリムシ（Euglenaの総称）を培養し，食品（栄養補助食品）やエネルギー（ジェット燃料など）へ加工する開発・普及も進んでいる。ホテイアオイなど増殖性が高い植物を生産し，発酵させエネルギー利用しようとする技術開発も進められている。これらは資源作物ともいわれる。資源作物には，サトウキビなど糖質資源，トウモロコシなどデンプン資源，菜の花など油脂資源やその他樹木がある。なお，例えばホテイアオイは，わが国にとっては外来生物であり国内の生態系を乱すおそれもあるが，繁殖力が極めて強く，世界各国で富栄養化した水の浄化に利用している。環境浄化および大量に生産されたバイオマスのエネルギー利用を目的に適切に栽培を行えば，人による環境負荷を減少させる有効な方法ともなり得る。自然に適応し

**図 I-5　菜の花畑**

菜の花（ナタネ）は，紀元前に中国から渡来し，明治初期に北欧よりセイヨウアブラナが導入され現在全国で繁殖している。食用，ナタネ油（油かすは肥料），花の蜜は養蜂用，観賞用と人のカーボンニュートラルな生活に欠かせない植物である。

た植物の環境保全への活用も検討していく必要がある。菜の花（図Ｉ－5参照）やサトウキビなど，多くの農作物はそもそもは外来種である。

　光合成で光エネルギーを吸収する役割をする葉緑素（Chlorophyll）は非常に複雑な分子で，人工的にコントロールすることが難しく，研究がさまざまに進められている。反応に大きく影響している分子構造内に存在するマグネシウムや亜鉛などの位置が少しずつ解析され，今後効率的に光合成を行うことが実用化される可能性もある。2016年にはオークリッジ国立研究所の電極の研究者が，銅ナノ粒子をグラフェン（graphene：炭素同素体）上の電極としてエタノールの生成に成功したとの報告もある。日本では過去に水を紫外線（その後可視光）で分解し，水素を生成する研究開発に成功している。新たなバイオマス資源または生物を利用した新たな資源も開発される可能性がある。環境政策上，重要な知見が蓄積しており，新たな環境保護手法の開発も期待できる。

## I.4 廃棄物の利用

### (1) 二酸化炭素の固定化

　化石燃料の消費で大気中の二酸化炭素が増加し，地球温暖化問題が国際的に注目されている。また，化石燃料は数千万年から数億年かけて海底または地下で圧力と熱が加えられて生成するものなので，自然界で容易に生成されない。化石燃料は，オゾン層が形成された後，地上に莫大に生物が繁殖した約3億6000万年前（石炭紀）にプランクトンや動植物の死骸が地下で変化して生成している。30数億年前から生息していた海洋生物も海底に埋まり，化学変化し化石燃料へと変化している。以前わが国に大量にあった石炭のように，地下で高い圧力が加わったものは数千万年と比較的早く生成している。しかし，約600万年〜500万年前に誕生したと推定されている人類の歴史を考えると，石器時代でも約200万年前と考えられており，技術を持ち知的な生活を始めた期間は極めて短い。すなわち，自然の中で二酸化炭素が固定化された時間は比較にならないほど長い。ここ100数十年で人類は急激に化石燃料を燃やし続けているため，固定化された炭素を再び透明な気体の二酸化炭素へと変化させている。廃棄物処理処分における中間処理といわれる焼却も有機物の廃棄物を二酸化炭素に代え，目に見えなくしているだけである。この変化は，地球の歴史からすると一瞬であり，再生が全く間に合わないため，人類の化石燃料の消費で近い将来，枯渇することはほぼ確実である。

　このため，燃料資源の枯渇が懸念されている。少なくとも燃料費の値上げ，または採取技術が向上しコスト削減ができれば，多少延命することは可能となる。ただし，まず経済格差から富裕層のみしか化石燃料を使用できなくな

る。そして，これまで体験したことがないほど大気の二酸化炭素の濃度が急激な速度で上昇し，その結果，地球温暖化による気候変動や海面上昇など，環境破壊で現在の社会システム自体が維持できなくなる可能性がある。

化石燃料の消費を国際的コンセンサスのもとで減少させていくことが望まれるが，「気候変動に関する国際連合枠組条約（United Nations Framework Convention on Climate Change）」締約国会議における各国の深刻な対立の現状から考えて期待できない。現在可能と思われる対処として，まず人類が無駄にしているバイオマスを利用し，（利益があることを見える化して）化石燃料の消費を減少させることが必要である。ただし，この利用のコストが経済的に成り立たない場合，持続的に続くようにするために技術開発，社会システムの整備が必要となってくる。なお，補助金による経済的な誘導を図る際，中長期的な計画を作成し環境政策を行っていかなければならない。1997年に制定された「新エネルギーの利用等の促進に関する特別措置法」（2条）では，「経済性の面における制約から普及が十分でないものであって，その促進を図ることが非化石エネルギーの導入を図るため特に必要なもの」について政府が必要な措置をとることとなっており，同法施行令第1条1項（2015年改正令）で，「バイオマス又はバイオマスを原材料とする燃料を熱を得ることに利用すること（2号）」，「バイオマス又はバイオマスを原材料とする燃料を発電に利用すること（6号）」が定められている。

バイオマス廃棄物の具体的な利用に関しては，次項以降に取り上げる。

## (2) 排泄物

### ① 家畜排泄物

家畜の糞尿は，以前は肥料として使われていたが，現在ではメタン発酵させ，メタンガス（都市ガスの主成分）を生成させて燃料とする利用が各国で普及してきている。糞尿からは地球温暖化効果係数が二酸化炭素の26倍（2019年2月現在の試算：京都議定書での二酸化炭素換算の際には21倍とさ

## 図 I-6　家畜排泄物のリサイクル（炭素循環）

れていた）もあるメタンガスも発生しているため，直接の地球温暖化対策ともなる。ただし，排泄物の悪臭が問題となることが多いため，発酵工程での密閉などが重要となる。

日本では，「家畜排せつ物の管理の適正化及び利用の促進に関する法律」（通称：ふん尿法，または家畜排せつ物リサイクル法）が1999年に制定されて以降，当該処理を取り入れるケースが増えている。この法律で規制対象としている家畜は牛，豚，鶏および馬（政令で指定）となっている（2019年2月現在）。ただし，ある程度の規模の畜産業が必要であるため，日本においては他のバイオマス廃棄物と一緒に処理することも行われている。

インドでは，神聖な動物とされている（たくさん存在する）牛の糞を円盤状にして天日干ししたものを燃料として家庭で使用している。しかし，東南アジアでは，無計画な焼畑，森林の乱伐で薪不足となり，肥料にしていた家畜の糞を生活に直接必要なエネルギーにしているところもある。なお，畜産業が盛んな欧州では，大量に発生する家畜の糞を発酵プラントでメタンガスを生成させる事業はすでに普及している。また，反芻を行う牛は胃でメタン発酵を行うため，げっぷで排出したメタンガスを牛舎などで回収する装置なども，欧州やアルゼンチンなどで1990年代から開発・検討されている。

(2) 下水，家庭からの排泄物

気温に比べて水は1年を通して変化が少ないため，温度差エネルギーとし

てすでに利用例がある。人口が密集している都市で効率的なエネルギー利用が可能である。冬は温熱、夏は冷熱として地域冷暖房利用を東京など全国26カ所（2018年5月現在 国土交通省調査）ですでに行われている。また、下水汚泥は焼却処理されるため、この熱もエネルギーとして使用されている。また、発電用熱源としての利用も始まっている。ただし、排泄物の成分には窒素（N）が多量に含まれ、燃焼時に地球温暖化原因物質である一酸化二窒素（$N_2O$：温室効果係数310）や酸性雨の原因となる酸化窒素（ノックス：$NO_x$）の排出に注意しなければならない。

排泄物に関しては、スウェーデンなど北欧をはじめ、メタン発酵させエネルギー利用（都市ガスの供給）している例がある。日本でも、以前は農業用肥料として使用していた時代があったが、現在は活性汚泥法（微生物によって有機物を分解する水処理方法）によって浄化処理されている。一部自治体では、メタン発酵させたメタンガスをエネルギーとして利用している。この生成されたガスはバイオガスとも呼ばれ、バイオ燃料の一種である（図Ⅰ-7参照）(注3)。

また、家庭から排出される一般廃棄物や事業所から排出される産業廃棄物も以前は焼却のみを行っていたが、熱利用が普及してきている。ただし、環境政策において、廃棄物は減量化が最も優先される対策であるため、ゴミから得られるエネルギーは将来減少していくことを計画しなければならない。過去に一般廃棄物中間施設（焼却施設）でのゴミ発電が、建設後に廃棄物の減量化が進んだことで原料調達ができなくなった事例がある。環境保全上は

図Ⅰ-7　廃棄物を原料としたメタン発酵槽

この発酵槽では、一般廃棄物（生ゴミ）、し尿、家畜糞を原料としてメタンガスを1日約5tを生成している。

非常によい状況であるが，限られた資金（税金）での対策であるため，中長期的な将来計画を検討することが重要である。

### (3) 食品廃棄物

食品はすべてがバイオマスである。農作物は，人のエネルギーに効率よく摂取でき，畜産品や養殖品も餌（飼料）は農作物または牧草，藻類などで，消費（摂取）してもカーボンニュートラルの状態は維持できる。なお，農作物栽培時に使用されるの肥料や農薬，運搬時の梱包や移動エネルギーなど，LCA面では別途二酸化炭素の排出および他の環境汚染は発生している。

家庭から排出される生ゴミなどの最終処分の時点で，バイオマスの再利用がさまざまに実施されている。前記排泄物と同様に直接または発酵によってエネルギー利用いわゆる食品残渣（食べ残しなど）のサーマルリサイクルが取り組まれている。しかし，廃棄物の処理で最も優先される方法は無駄の減少，いわゆる資源の減量化または廃棄物の原料化である。従来より，エコクッキングのように家庭からの食材を使い切る料理方法（減量化対策）が検討されている。さらに，まだ食べることができるにもかかわらず廃棄（処分）されてしまう食品を，食べ物に困っている人に届ける社会福祉活動も行われており，フードバンクと呼ばれている。身近な減量化活動としては，レストランなどでの食べ残しをドギーバックと呼ばれる容器で持ち帰り食し，食品の無駄をなくす方法も進められている。そもそもは犬の餌として持ち帰るとの意味から行われてきたものであるが，現在は人が食料を無駄なく食する方法となっている。わが国では，「恵方巻き」の大量廃棄などまだ食べられる食品を無駄にすることが問題となり，食品ロスの削減策が具体的に推進されている。

他方，わが国のフィードインタリフ（Feed-in Tariff）制度である「電気事業者による再生可能エネルギー電気の調達に関する特別措置法」（2011年制定，以下，「再生可能エネルギー特別措置法」とする）が2012年に施行され

てからは，売電を目的として一般廃棄物施設での発電も増加した。当該法律は，再生可能エネルギーを利用した発電の普及を目的としており，発電した電気を一定期間固定価格で電気事業者に売電できることが定められている。また，サーマルリサイクルの有力な方法でもある。

なお，一般廃棄物を原料とする発電は，再生可能エネルギー特別措置法では売電対象としての定義が定められていないため，法第2条2項4号の五に定める「バイオマス（動植物に由来する有機物であってエネルギー源として利用することができるもの（原油，石油ガス，可燃性天然ガス及び石炭並びにこれらから製造される製品を除く。）」(2017年改正法)[注4] として扱われている。したがって，一般廃棄物中の生ゴミ，剪定枝（庭木，公園の樹木や街路樹の切りくず，落ち葉など）など，バイオマスに限り一般廃棄物発電（図Ⅰ-8参照）における売電が認められる。

ただし，売電価格は社会状況に応じて，政府の経済政策，環境政策などの視点から見直されていく。法で保証している売電価格の期間後の収入は不確かなため，地方公共団体の施設内で使用することも計画しておくのが妥当である。そもそも環境政策上は，廃棄物減量化を進めていることおよび多くの地域で少子化，人口流出などが進んでいることから，一般廃棄物の売電が安定した収入になる可能性は少ない。なお，食品残渣のマテリアルリサイクルも進められている。当初は乾燥または堆肥化などによって肥料とするものが多かったが，肥料として使用用途がなくなり廃棄物となったり，肥料メー

**図Ⅰ-8　一般廃棄物施設発電設備（タービン部分）**

発電設備は，新たに作られる一般廃棄物処理場に設置することが多い。再生可能エネルギー特別措置法による売電によって収益を得られるが，売電価格は半年（半期）ごとに見直される（法第3条1項）ので，今後建設する施設，一定期間後の収益については不明である。

カー商品と競合するなど問題も生じた。生物学的な処理方法も複数研究開発され，実用化，普及に向けて行政が中心となって進めているが，利便性が悪く，コスト面からなかなか進んでいないのが現状である。

また，2000年に制定された「食品循環資源の再生利用等の促進に関する法律」（通称：食品リサイクル法）では，「食品循環資源の再生利用及び熱回収並びに食品廃棄物等の発生の抑制及び減量に関し基本的な事項を定めるとともに，食品関連事業者による食品循環資源の再生利用を促進するための措置を講ずることにより，食品に係る資源の有効な利用の確保及び食品に係る廃棄物の排出の抑制を図るとともに，食品の製造等の事業の健全な発展を促進」（法第1条）を目的として，食品関連事業者が食品に係る産業廃棄物（無駄にしている食品）に関して，マテリアルリサイクルおよびサーマルリサイクル，ならびに減量化が定められている。食品メーカーや食堂を持つ企業，レストランから排出される食品残渣の多くは，乾燥または生物学的な処理で肥料へマテリアルリサイクルされたが，作った肥料が過剰となりさらに廃棄物となってしまったり，乾燥に却ってエネルギーが大量に消費されたりと，環境負荷を時間的空間的に広い視点で見ると合理的な対策を見いだすのは困難といえる。そもそも食品廃棄物が増加したのは，人の生活が裕福になり，食品の消費に無駄，ムラが増えたことが原因であるため，新たな対策に新たな負荷が発生することは必然的ともいえる。

このような状況の中，生鮮品および売れ残った製品を大量に回収し，メタン発酵プラントを稼働させているケースもある。また，食品メーカーには，工場残渣を利用した健康食品，飼料などを製造し，新たな商品を開発し収益を上げるケースもあり，今後も新たな開発が期待される。新たなアイディアから廃棄物処理をコストから商品に代えることによって，経営戦略として重要な対処ともなりつつある。環境政策上，情報提供，補助など経済的な誘導を前提とした環境税（目的税）の導入も望まれる。

## (4) 製紙

### ① 黒液（パルプ工場廃液）

　製紙には乾燥時に大量の燃料を必要とする。紙は森林の乱伐で製造しなければ再生可能材料であるが，製造時に大量のエネルギーを消費している。その多くに化石燃料が消費されている。一方，樹木から紙を製造する成分はセルロース（cellulose：木材繊維）部分で，不要成分のリグニン（lignin）と樹脂および蒸解用薬剤（不要成分を溶解し除去する化学物質：水酸化ナトリウム［$NaOH$］や硫化ナトリウム［$Na_2S$］など）は，以前は廃棄されていた（この紙製造は通称ケミカルパルプ製造法と呼ばれている）。この廃棄部分は黒液（black liquor）と呼ばれバイオマス燃料として利用でき，現在はサーマルリサイクルされている。黒液は，石炭の約半分の熱量があり，国内で約7,000万t（燃料として水分を分離し濃縮したものは12,349,556t［2018年］(注5)）発生しており，大きなエネルギー源といえる。また，燃焼後の残渣（灰）も回収され，蒸解で利用した薬剤に再利用されている。

　なお，黒液の排出によって富栄養化，廃水による有害物質汚染，汚泥（ヘドロ）の堆積などによって水質汚濁が発生し，地域環境汚染の原因にもなっていた。1950年代に東京都江戸川区にあった製紙工場からの廃水（黒い水）で千葉県浦安における漁業が大きな被害を受け，東京都が企業を擁護したことで社会的問題となった事件がある（浦安漁民騒動事件［黒い水事件ともいわれる］(注6)）。この事件がきっかけとなり，1958年12月25日に水質保全のための法律（「公共用水域の水質の保全に関する法律」および「工場排水等の規制に関する規制」）が公布され，わが国で最初の公害法が制定された。この法律は後に水質汚濁防止法（1970年12月25日公布）となっている。また，1960年代から1970年代に静岡県富士市の複数の製紙工場から排出された黒液が原因で田子の浦ヘドロ公害が深刻となり，その処理を静岡県が行ったことで住民から汚染者の責任を問う訴訟も発生している（田子の浦ヘドロ事件(注7)）。

したがって，黒液を廃棄物とせずエネルギー利用したことで，非化石燃料源となり，地球温暖化原因物質および酸性雨などの原因となる環境汚染物質の環境放出を減少させること，ならびに水質汚濁，ヘドロ堆積公害改善に成功している。また，企業におけるESG（Environment, Social, Governance）経営上も，環境コストから利益へと転換することができたといえる。

② 古紙

紙は人類の文明の礎であり，デジタル化が進む現在においても極めて重要な存在であるといえる。古代より，さまざまな植物の繊維部分を加工して作られ，文字や絵などを記載するために利用された（図Ⅰ-9参照）。和紙は中国から製造技術が伝来し，アサ，ジュート，ガンピ，ミツマタなどを使い製造された。世界では，アサ，竹，わら，亜麻，木綿，バナナの皮，サトウキビ（絞りかすのバガス）などが使われた。日本の紙幣には，現在もミツマタ（繊維が長く丈夫な性質を持つ）が使われて，紙幣の長寿命性を保っている。ケナフは成長が早く大量の繊維を調達できることから，樹木を利用した紙の減量化に寄与できるため，環境保全材料として利用されている。バガスも砂糖の大量生産後は燃焼しエネルギーとして利用されてきたが，繊維質部分について均一な繊維質材料としての利用が進められている。

19世紀以降，紙の原料は樹木の繊維（セルロースなど）を利用したものが

**図Ⅰ-9　古代の紙利用**

古代文明において文化を継承するために紙は極めて重要である。長い繊維質を持ったパピルス草（カミガヤツリ）は，古代エジプトで用いられ現在でもその記載内容が確認できる。日本の和紙なども同様に長期間の保存が可能である。紙は，現在と違い使い捨て材料ではなく，貴重な材料であったと考えられる。

主流となっており，情報の伝達以外にも生活用品としてもさまざまに使用されている。コピー機の普及によりコピー用紙は急激に増加している。紙用の樹木の減量化を目的として，薄くて強く，文字が透けにくい紙の開発が世界中で積極的に進められている。廃棄された紙も再生可能な材料であるため，一次使用後もマテリアルリサイクルまたはサーマルリサイクルとして使用が行われている。新聞，雑誌および文献をはじめ文書のデジタル化が進み，わが国では以前は一般的に回収されていた古紙回収システムも変化しつつある。家庭から新聞などが一般廃棄物として排出される地域が多くなり，市町村あるいは清掃組合（比較的小さな複数の自治体が集まった組織）で回収，処理している。紙は，古紙利用としてマテリアルリサイクルが図られている。しかし，ほとんど多くのマテリアルリサイクルでは再生時にヴァージン品より品質が落ちるためカスケードリサイクルとなる（なお，金属は精製分離が可能なものは水平リサイクルとなる）。したがって，古紙もヴァージン品に比較すると繊維質の部分が短くなり用途が限られる。また，RPF（Refuse Paper & Plastics Fuel）と呼ばれる紙とプラスチックのみを固形燃料として利用するサーマルリサイクルも行われている[注8]。

　また，廃棄物資源として中国を中心に販売され，地方公共団体の収益ともなっていたが，中国政府が2000年頃からの計画どおり2020年で他国からの廃棄物資源を取りやめる方向となったため，新たな国内処理が進められている。廃棄物処理処分政策の最も基本的な方針は排出抑制，すなわち製品の減量化および廃棄物の減量化であるため，製造段階での環境設計の検討および無駄な使用の抑制を行わなければならない。当面は一般廃棄物処理場（中間処理：焼却処理）での処理量が増加すると考えられるが，再生可能エネルギー特別措置法に基づく売電価格も下落傾向にあり，処理コスト（環境コスト：税金による処理）の増加が懸念される。

(5) 廃棄木材

　木材は，住居をはじめ建築物に大量に使用され，家具，楽器などさまざまなものの材料になっている。材料を使った人工物はいずれすべて廃棄物になるため，その処理・処分が必要となる。古代（縄文時代のものが多い：紀元前1万年～400年頃）の廃棄物場と考えられている貝塚は現在でも採掘されている。古代の人々は，再生を祈って1ヵ所に集めたとの学説もある。現在では，使えなくなったもの，あるいは使わなくなったものを，リユースまたはリサイクルすることが図られている。これらは，廃棄物を減らすことを目的として行われているが，設計段階で消費されるものの量自体を減らすことも考えられている。その方法としては，無駄を省いて小さくしたり，多機能または長寿命化（使用時間を増加させてサービス量を増やし，消費資源を減量化させる）することがあげられる。

　したがって，最終処分（埋め立てなど）される廃棄物とは，技術的に再生できないものということとなる。バイオマスは，リユースまたはマテリアルリサイクルできなくなったものはサーマルリサイクルできるメリットがあり，基本的にはすべてが自然循環の中にあるといえる。ただし，バイオマスをエネルギー利用する装置である焼却，発電する装置（その部品を含む）は，別

**図 I-10　バイオマスプラント**

このバイオマス発電所では，製材所からの産業廃棄物であるオガクズを圧縮しペレット状にしたもの，バーク（木の皮），形状が悪い建材をチップとして燃料としている。その他，海外から輸入される安価なバイオマスペレット，チップも使われる。しかし，輸入されたものは大量の移動エネルギーを消費しているため，LCAの面でさまざまな環境汚染を発生させる可能性がある。

途エネルギーを使用し作られる。メンテナンス,最終処分まで考え,LCAの視点を踏まえると,人工的なバイオマスエネルギー利用を安易にカーボンニュートラル,自然循環とはいいがたい。

　しかし,これら課題は,研究,技術開発によって少しずつ自然循環に近づけていくことができると思われる。古代のように精神的な(あるいは,超自然的な)再生に期待しても,数千万年以上もかかる自然の変化を待たなければ単なる廃棄物のままとなってしまい,大量廃棄に再生量は全く追いつかない。

　バイオマスを熱として利用することは原始時代より行われてきたが,現在では電力を作り出すことができるようになった。電気を発生させる原理は,基本的には蒸気でタービンを回すことによって行われているため,石油や天然ガスを使った火力発電,核反応を利用した原子力発電と同じである。バイオマス廃棄物から発電する方法は,サーマルリサイクルの可能性を広げ,建設廃棄物や間伐材などの有効利用が具体的に進められている。バイオマス発電施設(図Ⅰ-10参照)は全国各地に作られており,木材メーカー,建築業者,家屋など建築物の解体業者,剪定業者から排出される廃材,および間伐材などを原料としている。これにより,家屋の解体で発生する廃棄物などもエネルギー資源としての価値を持ち,売買されるようになっている。これまで解体後の廃棄物処理コストが,燃料資源に転換したことで利益に変わっている。

　ただし,調達原料の量を事前に推定し,政策をもって普及を図らなかったため,安定供給は今後の課題となっている。国内で発生するバイオマス発電燃料用のバイオマスペレットやチップは,地域によって過剰なところと不足しているところがあるが,エネルギー密度が小さく重量が大きいため,輸送するとなるとコストが膨らみ採算が合わない。したがって,政府が国内のバイオマス燃料材料供給能力を調査検討し,バイオマス発電施設立地のバランスをとる必要がある。いわゆる地産地消でバイオマスを燃焼し発電を行わなければ,却って移動エネルギーが多量に消費されてしまう。もし,化石燃料

などが急激に価格が下落しても総エネルギーは拡大し，二酸化炭素やSOx・NOxなど有害物質の排出が増加し環境負荷は大きくなる。エネルギー供給政策，林業保護政策の向上または安定が環境政策と競合する可能性もある。

## (6) 未利用バイオマス

　農業の工業化が進むにつれ，生産性が向上し大量の農業廃棄物も発生するようになっている。サトウキビの絞りかすであるバガス，米の脱穀後のもみがら，稲わら，麦わら，牧草，その他農作物の不要部分もバイオマスであり，資源としての利用が可能である。これまでも肥料や日用品の材料（糞，麦わら帽など），野焼き（害虫退治，土地改良）としてさまざまに利用してきた。しかし，安価なプラスチックの普及や廃棄物の急激な増加で，資源として利用されないまま廃棄されているものが多い。いわゆる未利用バイオマスとなり，環境負荷を増加している。

　エネルギー利用の際，他のバイオマスと同様にエネルギー密度が小さいことから，遠隔地への移動は却って化石燃料などを大量に消費することとなる。サトウキビから砂糖を製造する工場では，サトウキビの絞りかすのバガスから多くのエネルギーが得られるため，製造機械の動力源を得ることができる（図Ⅰ-11参照）。また，この装置はメンテナンスが少なく，耐久性が高い。数十年使用しているものもあり，沖縄には1940年代にハワイで使用していた製造設備が使用されている例もある。このため，途上国でも砂糖工場がサト

**図Ⅰ-11　砂糖製造設備**

サトウキビを絞り，砂糖を製造している。写真中央の設備でサトウキビを搾り甘蔗糖を作る。その他テンサイから作られる甜菜糖などがある。製造方法や結晶化を変化させることで，黒砂糖など含蜜糖，結晶の大きいざらめ糖，小さい車糖，加工糖，液糖となる。

**図Ⅰ-12　地域暖房用に貯蔵されている牧草**

欧米では、牧草をボイラーで燃焼し、バイオマス燃料として使用している。牧草には砂（シリカ：二酸化ケイ素）が含まれているため、ボイラー内でナトリウムガラスが生成し燃焼の大きな障害になる。欧米を中心に対処技術が開発され、持続可能性を高めている。

ウキビ畑の近くに比較的容易に建設され、砂糖の価格が急激に下落することとなった。

　東南アジアでは、緑の革命(注9)以降、稲作などが三毛作や単位面積当たりの収穫量が急激に増加したため、農業廃棄物を利用したバイオマス発電も建設されている。発電施設には、日本メーカー製のものも複数ある。また、欧米など牧草が大量に栽培されている地域では、不要な牧草を圧縮貯蔵し、冬期の地域暖房に利用している例もある（図Ⅰ-12参照）。

## I.5　プラスチックと生分解性材料

### (1)　プラスチックのリサイクル

　化石燃料で作られるプラスチックは，工業製品，生活用品とさまざまなところで使用されている。炭素原子，水素原子，酸素原子を中心に，複数の原子が付加された多くの種類を持った分子構造のものがある。人工的に非常に多様な性質をもったものが作られ，ここ数十年で人類の活動には極めて身近で不可欠なものになった。

　日光に含まれる紫外線で分解するが，埋め立て処分場で地下に埋められたものは半永久的に存在するものもある。容器に使われたものをはじめその容量が莫大になったことから，一般廃棄物処分場（埋め立て処理場）が逼迫する事態となった。この対処として，国際的に注目されていたドイツで1991年に制定した「包装廃棄物の回避に関する政令」[注10]にならって，わが国でも容器包装材に関する一般廃棄物の回収を目的に1995年に「容器包装に係る分別収集及び再商品化の促進等に関する法律」（以下，「容器包装リサイクル法」とする）が制定された。その後順次対象品目を増加し，2000年に全面施行となった。

　ドイツではDSDシステムともいわれ，法令に基づき民間企業であるデュアルシステムドイチュランド社（Duales System Deutschland AG）が廃棄物回収会社，再生会社との契約を行い一般廃棄物のマテリアルリサイクルを進めているが，日本では公益財団法人 日本容器包装リサイクル協会（1996年設立・指定）[注11]が法令に基づき包装材利用者から徴収されたリサイクル料金を委託してマテリアルリサイクルまたはサーマルリサイクル，あるいは

ケミカルリサイクル（材料再生）が実施されている。なお，当該協会の主務官庁は，環境省大臣官房廃棄物・リサイクル対策部企画課リサイクル推進室，経済産業省産業技術環境局リサイクル推進課，財務省理財局総務課たばこ塩事業室，国税庁課税部酒税課，厚生労働省医政局経済課，農林水産省総合食料局食品産業企画課食品環境対策室と複数の行政機関となっている。また，廃棄物の再生に関しては，別途1991年「資源の有効な利用の促進に関する法律」に基づき定められている。

　2011年3月の東日本大震災で発生した東京電力福島第一原子力発電所事故以降，国内の原子力発電所からの電力供給が不足し，容器包装リサイクル法に基づき集められた廃プラスチックのサーマルリサイクルで発電が行われ，IPP（Independent Power Producer：独立系発電事業者）から電力会社へ送電された電気は重要なエネルギー源となった。また，PPS（Power Producer and Supplier：特定規模電気事業者）による電力需用者へも販売が可能になったことから，サーマルリサイクルの可能性は高まったといえる[注12]。2016年から「電気事業法」における一般消費者への電力販売が自由化したことで，これまでの電気事業者（地域を独占販売していた電力会社）以外のIPPなど事業者から直接需用者へ電気が供給できるようになった。そもそもプラスチックは化石燃料から作ったものが多く，生分解性のものも光合成によって大気中の二酸化炭素を固定化したものであるので，サーマルリサイクルに使用すれば化石燃料の消費を減少させることができ，マテリアルリサイクルと同様の効果を得ることができる。ただし，化学品をヴァージン品の原料から製造するときとマテリアルリサイクルするときとの消費される化石燃料量に関してLCA比較し，評価し，処理方法を斟酌することも必要である。なお，石油の約76％がエネルギー（動力および熱）として利用され，化学品の原料としては約24％が使われている（2017年現在）。この化学品が地球上に散乱することに比べれば，焼却してサーマルリサイクルするほうが環境負荷低減には貢献するとも考えられる。

図 I-13 IPPの対象工場（製鉄所）

IPPには「容器包装リサイクル法」に基づき，廃プラスチックの再生処理委託者として入札（提示したリサイクル料金などで比較）を行い，日本容器包装リサイクル協会が選定している。製鉄工場やセメント工場，リサイクル専門業者などがケミカルリサイクル，サーマルリサイクル，マテリアルリサイクルなどを行っている。熱を発生させる処理ではタービンを回し発電も行われている。

## (2) 生分解性および石油由来プラスチック

### ① プラスチック開発の経緯

　人類が商業的に生産した最初のプラスチック（正確には半合成プラスチック：ニトロ硝酸セルロース［nitrocellulose］／ニトロエステルの一種）はセルロイドと呼ばれ，米国において19世紀半ばに開発され，その後写真フィルム，食器，おもちゃなどに広く利用された。しかし，非常に燃えやすい性質であったため，米国で火災が続発したこともあり「可燃物質規制法」が1955年に制定された。これを機に国際的に火災の危険性が注目され，消費は急激に減少した。わが国でも「消防法」により規制の対象となっている。その後，ポリエステルなど新たなプラスチックが次々と開発され，プラスチック自体は消費が拡大していく。

　天然繊維のセルロースを化学反応（アルカリ，二硫化炭素に溶解）して紡糸したレーヨン繊維（人絹または，ステープル・ファイバーからスフとも呼ばれている）は，蚕から製造するタンパク質（主成分：フィブロイン）である絹（動物繊維ともいわれる）に似せられて作られている。19世紀にフランスで開発されたが，セルロイド同様燃えやすい性質から一時は生産が中止されたが，その後燃えにくいレーヨン繊維が開発され，現在も生産されている。

日本では，1938年にレーヨンの生産量が米国を抜き世界で1位になったこともある。タンパク質を原料とする絹，およびセルロイドもレーヨンも天然に存在するセルロースを原料としているため，廃棄後は自然界の微生物によって分解され，繊維を構成する原子は自然界の物質循環の中に入り込む，いわゆる生分解性プラスチックといえる。タンパク質を利用した繊維には，羊毛，カシミアなどもある。

他方，1935年には，画期的な代替品として工業的に生産できる合成繊維のナイロンが，ウォーレス・カロザース（Wallace Hume Carothers）によって発明されている。1938年10月に米国・デュポン社の当時副社長のチャールズ・スタイン（Charles Stein）は，「ナイロンは石炭と空気と水から作られ，鉄鋼のごとく強くクモの糸のごとく細し」と有名な発表を行い，1939年にデュポン社がナイロン製品を発売した。ナイロンは，極めて性能がよく，靴下をはじめさまざまな繊維製品に使用され，当時日本製の絹の輸出は大打撃を受けた。絹製造は現在では京都友禅，加賀友禅など高級着物など特定の製品に限定して行われることとなった。デュポン社は，軍事物資である爆弾の製造のために原料物質である窒素を製造していたが，需要が落ち込んだためナイロンを利用した生活用品製造への転換が成功した。

その後，ナイロンはパラシュート，テニスラケットのガット，ロープ，漁網，釣り糸，網戸など，さまざまな生活用品に普及し生産量が拡大している。セルロース，動物繊維の代替品をはじめさまざまな高機能を持った材料が作られた。この他，化学合成によってポリエチレン，アクリル，スチレンなど

図 I-14　**動物繊維の原料である蚕の繭**

絹は光沢があり軽くしなやかな材質で高い価値がある。生糸はフィブロイン（70〜80％）とセリシン（膠質：20〜30％）と呼ばれるタンパク質からできている。近年では，蚕にクモの遺伝子が組換え（品種改良）られ，より強い絹糸を大量生産する技術が開発されている。

新たな原料も開発され，プラスチック成形品，繊維，さらに有機・高分子の電子部品と次々と開発されている．

また，ナイロンなど化学製品は，当初は石炭を原料とする「石炭化学」によって生産されていたが，原料を石油から得られるようになってからは，「石油化学」で生産されるようになった．しかし，経済成長を背景に莫大な量の化石燃料由来のプラスチックを製造するようになり，その処理・処分が問題になり，さらに化石燃料の枯渇が比較的身近（数十年程度）に迫ってきている．その対処として，近年では，中長期的な視点から持続可能な材料供給を考え，天然素材を原料とする材料開発（大量生産技術開発または高付加価値製品の材料転換）も進められている．しかし，莫大に生産されたプラスチックは，地球表面に拡散し新たな環境汚染・環境破壊を発生させている（第Ⅲ部参照）．

② 生分解性プラスチックの開発

人類は，紙や繊維など天然多糖類の中で最も多量に生産されているセルロースなどを人工的に加工したものなどを従来より大量に使用している．これらは，環境中で微生物や紫外線などによって分解し，自然の物質循環の中に入り込むものである．しかし，大量に廃棄されると地域を富栄養化状態にしてしまい，微生物の大繁殖（あおこ，赤潮，不衛生な状態など）を発生させ環境汚染の原因となってしまうおそれがある．

ただし，人工物があふれている人間社会では，環境中では分解しにくいプラスチックが地上および海面，海中に散乱している．これらを自然の中で分解するには，セルロースなどのように生物由来の物質を用いた原料で自然浄化が可能な量に関しては生分解性プラスチックを製造し，自然界の中で分解することで環境負荷が低減できる．しかし，自然浄化が可能な量がまだ自然科学的に不明であるため，単純に生分解性材料だからといって使用すれば環境保全になると考えるのは拙速である．

セルロース以外に生分解性プラスチックスの種類には次のようなものがあ

る。
- i. 植物から生成（ポリ乳酸）

    トウモロコシやジャガイモなど，農作物を微生物による乳酸発酵で生成したポリ乳酸（polylactide：PLA）を合成[注13]し，ポリ乳酸プラスチックを生成する。すでに大量生産が行われており，製品保護シートなどに使われている。具体的には，自動車の内装品，パーソナルコンピュータの筐体，保存を目的としない（宣伝用など）コンパクトディスクなどがあげられる。また，生ゴミなど食品廃棄物を乳酸発酵し，製造する方法（一種のマテリアルリサイクルとなる）も開発されている。

    天然のセルロースをアルカリ処理し，二硫化炭素と反応させ薄くフィルムを生成したものをセロハンといい，接着剤を塗布した物はセロハンテープとして使用されている。したがって，セロハンテープは環境中でいずれ分解される。

- ii. 天然物質の利用（キチン，キトサン）

    カニの甲羅やエビの殻，昆虫の甲羅などから得られるキチン（chitin）も化学反応（煮沸：脱アセチル化／アルカリ処理）させプラスチックを製造し，フィルムや繊維として実用化（一部は普及）している。キチンは，地球上の生物から年間約1,000億t[注14]も生成されており，膨大な材料資源である。食品廃棄物処理の促進としても期待できる。アルカリと反応させるとキトサンと酢酸とに分解し，希薄な酸に溶解し，加工形成が容易である。新素材としても医療，化学工業などでの利用が研究開発され，実用化が進められている。キチンを酸で加水分解して得られるグルコサミンは，健康食品としてもすでに普及している。

- iii. デンプンとポリエチレンの混合プラスチック

    英国のグリフィン（G. J. L. griffin）が，ポリエチレンフィルムとしての機能を向上させるためデンプン[注15]を配合したプラスチックを

開発し，1973年にショッピングバッグ（デンプン配合率10〜15％）を商品化した。その後ポリエチレンやポリスチレンに6％程度デンプンを配合したものが米国およびカナダで普及した。このプラスチックは，デンプン部分が自然環境中で微生物により分解されることから，プラスチックの形状による容積は減量化するが，ポリエチレンやポリスチレン部分は残存する。このため完全な生分解性プラスチックとはいえない。米国環境保護庁（U.S. Environmental Protection Agency）などでは，「ボトルやパック容器は空間部分が多いため，廃棄物減量化に有効である」と評価したが，飲料水や食品の容器として利用する際の利用の仕方によって要求される耐久性が異なるため衛生面が問題となった。

iv．微生物生産

微生物は，体内にポリエステルをエネルギー源として蓄えており，このポリエステルを抽出し，生分解性プラスチックを生成する開発が行われている。微生物が生産するポリエステルは，ポリ-3-ヒドロキシブチレート（Poly-3-hydroxybutyrate［P3HB］）で，熱可塑性，加水分解性，生体適合性など新素材プラスチックとしても注目されている。実用化されているものに，フィルム，糸，各種容器（化粧品のビンなど）がある。この他，微生物の遺伝子を組換えて生産性を高める方法も研究開発されている。

## (3) 高機能材料

繊維は衣服の材料だけでなく，機能性材料として開発が進んでいる。高強度，耐久性向上を目的とした新素材が増加している。1995年の阪神淡路大震災で鉄筋コンクリートの橋脚などが崩れたことから，炭素繊維[注16]を強度補強線材として使った構造物が作られるようになっている。また，繊維メーカーや紙メーカーが開発したCFRP（Carbon Fiber Reinforced Plastics：炭

素繊維強化プラスチック）やCNF（cellulose nanofiber：セルロースナノファイバー）は，複合材料として強度の向上（鋼鉄より軽くて強い素材），軽量化，耐久性向上，高光沢が図れることから建築物，飛行機，自動車の長寿命性（減量化），省エネルギーが期待され，環境負荷低減技術として有望である。CNFはバイオマス素材で生分解性であり，微細構造で酸素を通さない特性を持ち食品・医薬品の高度な保存，消臭効果など，無駄の削減も期待されている。

　また，生物の遺伝子を操作[注17]することによって個体や生体組織の特徴を変え，有用な医薬品や農薬を生成することができる。高付加価値の有用な物質を大量に製造することも可能にする。インシュリン，インターロイキンの大量生産やクローン技術，農作物の遺伝子組換えなどが世界各国で実用化，普及している。しかし，わが国では，遺伝子組換えされた生物の野外実験は許可されていない。

　遺伝子組換え技術は，特定の除草剤に強い遺伝子（雑草など特定の薬剤に強い植物の遺伝子）を農作物に組み込んで，除草効果を飛躍的に向上させたり，害虫を寄せ付けない遺伝子（害虫が嫌う臭いを出すなどの機能をもつ遺伝子）を組み込み，害虫被害を防止したりする際にも利用されている。化学農薬を使用しない方法としても利用されている。しかし，こうして栽培されたトウモロコシや大豆の人へのアレルギーについて懸念されているが，科学的にはいまだ解明されていない。遺伝子組換え食品が市場に流通している国もあるが，わが国では，「食品衛生法」および「農林物資の規格化及び品質表示の適正化に関する法律（JAS法）」に基づきに1つひとつの商品について審査されている（2019年5月現在）。

【注】
(注1) ストロマトライトは，地球で最初に生息し生き続けている藻類とみなす場合と，その化石と表現する場合がある。本書では，化石として記載した。
(注2) 木くず，オガクズ，かんなくず，のこぎりくず，木材加工で発生する切粉などを固め，数mmから1cm程度に固めたものをいう。形状が均一なため燃焼のコントロールが容易となり，エネルギー効率を向上させることが可能となる。
(注3) バイオ燃料には，発酵方法によって，アルコール（液体）を生成する方法と，メタンガス（気体）を生成する方法とがある。エチルアルコールは，地球温暖化防止の観点からカーボンニュートラルの性質を利用して，自動車燃料用にガソリンの代替品として利用されている。ブラジルなどで利用されているが，アルコールのエネルギー密度が低いため十分な馬力（仕事率）が出ない場合がある。わが国でもガソリンに3％配合したものが利用されている。アルコールが3％配合されたガソリンはE3といい，5％配合されるとE5と示される。米国ブッシュ政権時，2007年1月の一般教書演説でバイオ燃料利用促進の政策方針が示されたことで，農作物の発酵が盛んになった。アフリカなど途上国で生産された穀物が大量に輸入され燃料の製造が行われたため，途上国で食糧不足が発生し国際問題となった。当時のバイオ燃料製造の会社が200社以上作られたが，化石燃料の価格が低下したこと（およびリーマンショック［金融バブルの崩壊］）からその多くがその後倒産している。
(注4) 「電気事業者による再生可能エネルギー電気の調達に関する特別措置法施行規則」（2012年施行）第3条1項27号では，「木質バイオマス又は農産物の収穫に伴って生じるバイオマスを電気に変換する設備であって，その出力が2万キロワット以上のもの」と定められている。
(注5) 経済産業省資源エネルギー庁長官官房総務課『2018年計政府統計 石油等消費動態統計月報 平成30年計 Total-C.Y.2018』（2019年）．「1．エネルギー消費量の推移」より引用。経済産業省資源エネルギー庁ホームページ https://www.enecho.meti.go.jp/statistics/energy_consumption/ec003/xls/ec003_2018total.xls - 2019-02-28（2019年4月）
(注6) 1922年から創業していた東京都江戸川区の製紙工場（本州製紙江戸川工場）が1958年からケミカルパルプ製造を始めてから有害物質を含んだ排水（リグニンを含んだ黒い水，水質検査では強酸であったことも確認されている）が流され，江戸川水系の漁業に被害を与えたことに抗議して，1958年6月10日東京湾浦安の漁民が当該工場に押しかけた。数百人の警官隊と衝突した際に，百数十人にものぼる負傷者を出している（浦安漁民騒動事件）。事前（同年4月17日）に，町，製紙工場，千葉県の三者の立ち会いで実態調査が行われ，町から製紙工場へ汚水流出の中止を申し入れ（同年4月22日），千葉県から東京都（本州製紙は東京都側の江戸川沿岸にある）へ「水質検査が終わるまで汚水流出を禁止する処置をとるよう」申し入れたが，工場は無害を主張し，流出を止めようとはしなかった（1958年6月12日東京新聞）。事件後（1960年頃），漁業を続けていく見通しが立たなくなり漁民は生活に困窮し，漁業権を放棄し，当該海域は公有水面埋め立て（千葉県臨海地帯の海面埋立て）事業が進められた。その後，大規模遊園地（ディズニーランド）の誘致や住宅造成など都市開発が実施された。本州製紙（現 王子製紙）江戸川工場は，王子マテリア江戸川工場となっている。
(注7) 田子の浦ヘドロ訴訟（最判昭和57年7月13日・民集36・6・970）は，民間企業（製紙工業）の廃液が原因で，田子の浦海底に堆積したヘドロ（公害）を地方公共団体が1億2,000万円あまりの県費を費やし原状回復したことに対して，住民訴訟による損害賠償の代位請求が争われた事件である。「汚染者負担の原則」に従うと，汚染源の紙・パルプ工場4社が原状回復義務を負うべきであるが，公共の福祉（公衆衛生）の面から行政が環境改善を図ったものである。原告である静岡県の住民は，ヘドロの堆積の原因となった被告（汚染者）とこれを黙認してきた県知事をはじめとする県当局の責任を追及することを目的として，地方自治法第242条に基づく住民監査請求を経た後，住民

訴訟を提起した。当該裁判の判決では住民側の要求はほとんど認められなかったが、現在、このような事件が発生した場合、企業側はCSR（Corporate Social Responsibility）、ESGの面から非常に悪い評価となり、SRI（Socially Responsible Investment）は望めないと考えられる。企業の持続可能な経営に関しては大きなダメージとなる。

（注8）　わが国政府（経済産業省など）は、当初は廃棄物全般を蒸し焼きにして作られるRDF（Refuse Derived Fuel）といわれる固形化燃料製造の導入を推進したが、廃棄物中の含有物が不明なため燃焼時の有害物質の発生が懸念され、さらに装置自体の不具合が続発し公共事業体から製造施設事業者への損害賠償訴訟が提訴される事態も発生している。

（注9）　1941年からロックフェラー財団が主導して、開発途上国における農業生産の収穫の効率化が図られた。その成果として、作物の品種改良や化学肥料、農薬を利用した農業が世界中に普及し、大量に生産される安価な食べ物が世界中で食べられるようになった。この活動は「緑の革命」と呼ばれている。しかし、開発途上国では、米国など先進国が持つ農業技術がなければ現状が維持できなくなった。現在、世界中の農家では、効率的な収穫を得るために、毎年新品種の種、化学肥料、農薬を農業企業から大量に買い、農業機械メーカーから大型農機具を備えなければならなくなっている。次第に、自然の恵みで作られる食物が経済性が優先するものとなり、大きなエネルギーや多くの物質拡散をもって生産される不自然な産物ほど商品価値を持つようになっているといえる。（出典：勝田悟『環境概論（第2版）』（中央経済社、2016年）37頁）

（注10）　ドイツで1993年に発生した廃棄物のうち包装材が容積で約40％、重量で30％を占めており、廃棄物の埋め立て処分施設の逼迫から減量化を行う必要性が高まった。その対処として、包装廃棄物の発生回避、リサイクル推進、残渣の適正処分を盛り込んだ「包装廃棄物の回避に関する政令」が1991年に制定され、1991年から1993年までに、段階的に施行された（1998年に循環経済廃棄物法［第Ⅳ部参照］の施行に伴い改正）。また1994年には、ドイツ基本法（ドイツには憲法がないため憲法に相当する）の第20条aに「（次世代のための）生命の自然的基盤を保持すること」を新たに制定し、環境保護に関する法制度の充実を図っている。

「包装廃棄物の回避に関する政令」では、製造業者および販売者は、製品が消費された後の包装材を独自に回収・リサイクルを行う義務を負うこととなり、関連会社数百社が出資し資本金を得て、リサイクルを専門的に行うデュアルシステムドイチュランド社（Duales System Deutschland AG：以下DSD社とする）を設立した。DSD社では、包装廃棄物を排出する企業と契約し、回収分別業者および各素材のリサイクル保証業者とも委託契約を行い、このシステムを管理している。契約した企業は、グリューネプンクトマークを包装材に記載し、専用のゴミ箱に収集され、専門の委託業者によって回収される。自治体による包装材を除く廃棄物の回収システムと包装材リサイクル回収が並行して行われることから、二元システム（デュアルシステム）といわれている。このシステムは、英国などを除く欧州全域に広まっている。（勝田悟『環境保護制度の基礎（第3版）』（法律文化社、2015年）88－89頁より抜粋）

（注11）　当該協会では、容器包装リサイクル法に基づき、指定法人として特定事業者からの委託を受けて、「分別基準適合物」の再商品化事業を行っている。再商品化事業については、当協会が行う登録審査に合格し、かつ一般競争入札で選定した再商品化事業者に委託している。（公益財団法人 日本容器包装リサイクル協会ホームページより引用。https://www.jcpra.or.jp/（2019年3月））

（注12）　「電気事業法」の1995年に改正で、電力の卸販売業者の対象が広げられ、自家発電が備わっている民間の工場で発生する余剰電力も含まれることになった。この事業者をIPP（Independent Power Producer：独立系発電事業者）といい、その後1999年（2000年施行）の当該法律改正時に大口需要者への電力小売りが始まった。この電力供給者をPPS（Power Producer and Supplier：特定規模電気事業者）といい、IPPなどが法令に定めた大口需用者へ電力を供給する事業に新規に参入す

ることが可能になった。その後，2016年には電力全面自由化となり，一般家庭などすべての電気消費者は電力供給事業者を選択できるようになった。

(注13) 乳酸発酵は人間の筋肉など動物の組織内で行われる反応と同様で，次のような反応により生成される。生成した乳酸を重合させポリ乳酸（乳酸がエステル結合によって重合した高分子）とする。

$$C_6H_{12}O_6 \xrightarrow{発酵} 2C_3H_6O_3 + Q$$

　　　　ブドウ糖　　　　　　　　乳酸　　　　　　　エネルギー

(注14) キチン・キトサン学会ホームページより引用。http://jscc.kenkyuukai.jp/special/index.asp?id=1930（2019年3月）

(注15) デンプンは，トウモロコシから得られたものを使い，安価でできることから利用を検討した。

(注16) 炭素繊維は，材料に軽量化，強度の向上を持たせる素材として開発され，さまざまに利用された。アスベストの代替品としても利用されている。FRP（fiber reinforced plastics）は，従来より浄化槽等で使用されていたが，炭素繊維が配合されることで機能が著しく高めることができた。供給される炭素は，ガス会社から発生するピッチ（石油，石炭［ガス化］，天然ガス等蒸留後に得られる炭素分の多い黒い固形物（残渣），通常はコールタールピッチをいう）などが使われる。制御技術の向上により，いわゆるナノテクノロジーの進展によりCFRPなど新たな材料が製造できるようになった。

(注17) 遺伝子操作とは，遺伝子の特定の機能を働かせるため，制限酵素（リガーゼ）や連結酵素を用いて遺伝子を組換えたり移入したりし，遺伝子のクローン化や発現，宿主の遺伝子導入などを行うことをいう。遺伝子組換えは，宿主細胞に，有用な遺伝子をもつ細胞のDNAをベクターによって導入する操作で，大量生産を目的とする場合，活発に自己増殖する性質を持つDNAを移入する。

　このDNAには遺伝情報がすべて含まれており，この1組をヒトゲノム（genome）という。このヒトゲノムを解析することにより，医学・薬学・農学などの応用研究に極めて有用な情報を与えることができる。この情報解析をバイオインフォマティクス（bioinformatics：生物情報科学）といい，多くのデータベースを駆使して生命研究が行われるようになった。

# 第Ⅱ部

# 自然消費と持続可能性

## 概要

　人類は自然の一部であり，自然の中で生活している。しかし，自然法則を利用して安定した生活を人工的に作り出し，自然そのものの存在を見失うこともある。自然と人間は別の存在ではなく，時空に存在するすべてが関連し合っている。この関係に歪みが生じると自然破壊が生じる。

　これまで自然破壊で崩壊した文明はいくつもある。それらは，人類の無意味な価値観や慣習のため破壊への進行が止められなかった。自然の価値を見つめ直す必要がある。第Ⅱ部では，人間の活動と自然とのあるべき関係を考え，人の活動を自然循環に近づける方法を論じる。

## Keyword

コモンズ，エコリュックサック，原子効率，SDS (Safety Data Sheet)，致死量，南極条約，宇宙条約，森林法，ミネラルウォーター，捕鯨，食料自給率，遺伝子組換え体，遺伝子組換え食品，農薬取締法，コーデックス委員会，有機農業の推進に関する法律，エコファーマー

## II.1　自然の恵みと人との関わり

　人類は，自然の法則を解明し始めたときから，自然の物質循環を人為的に変化させ始めている。しかし，自然科学分野で理解している部分は限られており，予想しない事態が次々と発生している。しかし，コモンズ（Commons：人類が共有しているもの［共有地と訳される場合が多い］）に対して，急性的（公害），慢性的（地球温暖化などゆっくりと変化するもの）な影響があちこちに発生してきている。どのような生物も，急激に増加したり，絶滅したりすると，生態系に何らかの影響を与える。生態系は連続で関係し合っているため，どこかが崩れると少しずつ，または局地的な大きな変化が発生する。

　里山，里川，里海などは，生活および経済的な収入（現金収入）を得るために，この地域に生息する動植物を保全してきた。この管理方法として，入会権を持った者のみがこの地域（入会地：いりあいち）に入ることができるようにして，持続的な狩猟やキノコなどの採取ができるようにしてきている。しかし，現在は，食物をはじめとする「モノ」の大量な移動が容易になったことから，より安価な「モノ」が国内外から得られるようになった。この安価な移動エネルギーがいつまで続くか不明であるが，少なくとも現在は里山などから得られる恵みの経済的な価値は低下し，持続可能な管理も失われている。また，地産地消といった無駄なエネルギーを使わない農作物より，効率的に大量生産され安価なエネルギーで効率的に運ばれる食品のほうが低額となり，経済的な競争力は失っている。

　現在は「モノ」の生産，移動，消費は，高い効率性が要求され，資源が枯渇すればまた他の資源を探せばよいといった考えが方が主流である。漁業は野生のものを獲っていることが多いため，絶滅が危惧されている種が増えて

いる。森林（特に熱帯雨林）も乱伐されている場合が多い。人類の人口が増加し，生活が豊か（あるいは欲求が広がることが可能，または裕福）になるに従い，さらに多くの食物，モノ，サービスは必要となり，経済価値が高くなる。すべての人が同じように裕福になることはないため，その人の間でも格差といった歪みが生じている。この歪みが，人類の足並みを揃えた持続可能な対応をする際の最も大きな妨げとなっている。

　自然界では，人の価値観に基づき自然界の物質バランスおよび動植物の生息に変化が広がっている。地下深くから掘り出された資源（人間にとって価値がある鉱物，化石燃料など）は，地上の物質循環を多く狂わせ，化学反応を利用してさらに複雑に自然の壊変を進めている。また，希少種のペットや剥製，皮，毛皮，象牙，植物など，人が自ら持つ価値観を充足するために種の絶滅を引き起こしている。その逆に増えすぎた種に関しては，人に被害が及ぶ場合などは殺処分（cull）する。また，高級食材とされるフォアグラやフカヒレ，その他家畜の生産・採取にあたっては，大量に食材を得るために極めて残酷な行為が日々行われている。

　工業技術，農業技術，漁業技術およびその他工業技術は，経済的価値（効率的な価値の生産）を背景にさまざまに技術開発が行われており，人はさらに利便性がよい生活を求めている。これら開発されたものが環境へどのような影響を与えるかといったマイナス面はあまり検討されていない。環境に「やさしい」といった曖昧な言葉で普及させている再生可能エネルギーによる発電など，環境技術でさえ明確な環境アセスメントを行っていない。前にも述べたが，再生可能エネルギー自体は自然のものであるが，その発電装置は人工物であり，環境への負荷は必ず存在する。

　人の活動，人工物は，すべて環境汚染，環境破壊の原因を秘めている。自然浄化される範囲内で終われば大きな悪影響はほとんどないが，経済効率はこのような小規模な活動は排除していく。いわゆるコモンズである里山などから得るもので生活を続けていくことは極めて難しい。ただ，人類は，科学技術をうまく使いこなしているとはいえず，ときどき大きな失敗を発生させ

る。公害，原子力発電所の災害，地球環境破壊など，あげればきりがないくらいに多くの被害がある。社会科学的な面では風評被害なども含めるとさらに拡大する。

　自然はしばしば災害ももたらすため，昔から災害が起きやすい場所には，神社や神殿は造っていない。災害が発生する期間，いわゆる再来期間が短いところには住居なども作っていない。しかし，近年は，長期的な視点で自然を見つめることはなくなったため，森林を切り開いたところに住宅街やさまざまな施設を作り都市開発を進めている。原子力発電所や火力発電所もタービンを回すための熱を発生させなければならないため，その熱（蒸気）を冷やすための水が必要となる。このため，日本では海岸沿いに発電所を作らなければならない。しかし，昔より津波が来ていることはわかっていてもその対処をせず，被災したときの影響も十分に考えずに，現在の都市の生活のみを優先して建設してしまうのが現実である。メガソーラーやウィンドファームも，地滑り，土砂崩れ，渡り鳥などを考慮して作られているか疑問である。自然災害の再来期間をよく考えて，事前アセスメントを行い，対処，被災の場合の対応（チェックリスト）を作成しておくことが必要である。

　人類は，まだ科学技術をうまく使いこなしてはいない。特に人類にとってデメリットな部分は知見が少ない。多くの人が憧れを持つ煌びやかな都市は，経済と技術で作り上げた人工物の集合体であり，人工的物流が止まると無機質な死の世界に容易に変化する。

## Ⅱ.2　自然と科学技術

### (1)　有害物質

#### ①　環境負荷の考え方

　自然界には，鉱物や植物などの成分をはじめ人間にとって有害な化学物質が膨大に存在している。人類は多くの経験から，自然から受けるリスクを回避する方法を自身に刻み込んでいる。しかし，科学技術が進展したことによって，これまでの経験では理解できないリスクが身の回りに増えることとなった。それらが人間に対してどのように作用するのか，一般公衆のほとんどが正確に把握していない。ハザードの大きさ，曝露の頻度を実感として捉えることはできない。知らぬ間に被害を受けていることは多々ある。
　この被害が短時間で現れれば（急性的影響）リスクを知ることができるが，長期間を要して現れる（慢性的影響）と，感覚的にリスクの存在を知ることができない。したがって，環境汚染によって健康被害が発生していても，長期間を経てしまうと有害物質が原因だったのか否かを確認することは非常に困難となる。例えば，食品の中に微量含まれているさまざまな成分（化学物質）など，長期間摂取することによって蓄積したり，何らかの条件でプロモーターまたはイニシエーターになって，がんなど病気を発生させることもある。化学物質，病原体がおよぼす人間の体への影響については，現在も多くの研究者が調査研究を行っている。
　地下から採取された鉱物資源が地上で，目的としない何らかの反応をしたことによって，多くの公害が発生している。環境の物質バランスがそれまでなかった状態になることで，リスクが発生し，自然の力で浄化できなくなった時点で被害が顕在化してくる。石器時代の後，種々の道具に鉱物資源を利

用し，(銅器時代：欧州)，青銅器時代，鉄器時代と発展していったことで環境問題は次第に複雑になり，拡大していく。

② エコリュックサックと原子効率

商品の外見からではわからない原料採掘から製品ができるまでの環境負荷をエコリュックサックと表現される。この概念は，ドイツ・ヴッパータール研究所（Wuppertal Institute）[注1]（シュミット・ブレークの創案）が出版した『ファクター4』の中で示された。人工物は，すべて何らかの環境負荷を背負っている。鉱業の場合，原料探査，採掘，精錬，原料輸送といった工程でさまざまに環境負荷を生じている。

最もわかりやすい環境負荷は，目的物質を得るために採掘鉱物から発生する廃棄物の量である。当該文献では，金やプラチナの例として，目的物質と副生成物（不要な部分：廃棄物）の割合が1対350,000と莫大な比率であることを述べている。

化学産業が環境保全対策として活動している「グリーンケミストリー」では，生産活動（化学反応）で生成する目的物質の生成率を高め，不要な生成物を減らすグリーンケミストリー運動（日本では，グリーンサスティナブルケミストリー運動）を行っている。目的物をどの程度効率的に生産できるかを示す指標を原子効率といい，次の式で表される。

目的生成物（分子量）
／全生成物［目的生成物＋同時に発生した副生成物］（全原子量）

（※副生成物とは，生産時に不必要な物質として生成したもの）

また，医薬品のような高付加価値な化学品は，非常に多くの副生成物を発生する。このため，原子効率とは逆に副生成物を分子にとった，次に示すE-ファクターという指標が使われることもある。莫大に発生する廃棄物削減に注目した指標である。

副生成物／目的生成物

　廃棄物を削減する活動では，副生成物を他の有用な物質として利用している。農作物によって生産される食料品生産工場などでは，廃棄物をさまざまな健康食品や飼料，肥料などに再生し，再商品化している。また，プラスチックや廃材などは燃焼できるため，熱エネルギーとして再利用されている。

　産業では，エコリュックサックを少なくし，原子効率を向上する開発を進めることで，廃棄物処理・処分しなければならなかった不要物が削減され，再利用することでさらに削減することができる。再商品化が図れれば処理コストが削減され，利益に転換することができる。経営戦略ともなり得ることができ，環境政策として促進策を立案するべき事項である。

③　有害性（ハザード）

　化学物質の性質を一覧表にまとめた情報として，国際的にSDS（Safety Data Sheet）が普及している。このデータに基づきハザードを知ることができ，リスクを最小限にするための取り扱い方法を検討することができる。法令やガイドラインで環境汚染の排出基準，環境基準を作成する際の基本情報となる。すなわち，ハザードが大きい有害物質は排出基準を厳しくして，環境リスクを小さくする必要がある。

　人の生死にかかわる急性毒性の指標として，致死量も利用されている。LD（Lethal dose）と示され，動物実験などによる推定値で，多くの化学物質について公表されている。100％死亡する量は$LD_{100}$と示し，50％死亡する量の場合$LD_{50}$と示される。また，最小致死量はLDLo（Lowest published lethal dose）と示され，MLD（Minimum lethal dosis）とも表現される[注2]。致死量が記載された有害化学物質データ集として，米国立労働安全衛生研究所発行（(National Institute for Occupational Safety and Health：NIOSH）の「化学物質有害性影響登録」（Registry of Toxic Effects of Chemical Substances：RTECS, U.S.DHHS）が国際的に利用されている。

## (2) 人工物

### ① 古代の価値観

　古代は，取り扱える技術が限られており，製造できる人工物も限られているにもかかわらず，生活には直接関係しない祭祀にかかわるような品物が作られている。精神的な価値観が重要視されていたことがわかる。この人工的に作られた価値観には，永遠への追求がさまざまに現れている。環境中で長期間ほとんど変化しない金属である「金」や宝石類は非常に高い価値を持つ。この考え方は現在でも受け継がれている。長寿命性は環境保全の基本的な目的であり，科学技術開発においても非常に重要な方針の1つである。持続可能性の考え方に共通するところがあるが，経済的な価値を捉えると短期的な利益（または優越）のみに注目することとなる。

　例えば，古代の日本では，ヒスイ輝石（$NaAlSi_2O_6$）を中心とするヒスイ硬玉が神聖な装飾品に加工され，崇められ，高い価値を持っていた。生活そのものには直接役に立たないが，世界的にも数少ない鉱物であり，強靱でミステリアスな翠色をしている。この神秘な魅力を持つヒスイ硬玉をめぐって，古代日本で大きな力をもっていた出雲，大和と，糸魚川・青海地域が対等に交流をしていた。ヒスイが産出されない中国でも，古代よりヒスイが極めて高い価値のものとして扱われ，19世紀頃までの王朝での重要な宝物になっている。ただし，通常は硬玉とされるものがヒスイとされるが，近年では，比較的大量に算出される軟玉であるネフライト（角閃石の一種：$Ca_2(Mg, Fe)_5Si_8O_{22}(OH)_2$）も，安価であることからヒスイとして扱われている場合も多い。人の価値観は曖昧である。しかし，見分けがつかない人にとってみれば，高い価値と思い込んでしまう。現在，環境保全について価値観の違いによって，特定地域，または国際的コンセンサスが得られない事態となっている。

　ヒスイは，人が価値があると認め，祭祀のための化学物質となっている。しかし，人以外の生物は人のような価値観を持ってはいない。貴金属や宝石

第Ⅱ部　自然消費と持続可能性

図Ⅱ-1　翡翠原石と勾玉

硬玉ヒスイ（ヒスイ輝石岩／硬玉：ジェダイト（$^{VIII}Na^{VI}AlSi_2O_6$：Alの位置にCrが入ると緑色になる：TiやFeが入ると紫や青色になる）の装飾品等が多くの遺跡から産出されている。ヒスイ輝石を中心とするヒスイ硬玉が神聖な装飾品（勾玉など）に加工されていた。この時代に，西アジアなどでは青銅器が製造されていた。

全般は同様である。これらは前述のエコリュックサックが常に多く，廃棄物による大きな環境負荷がある。さらに，途上国での採掘では，高価な鉱物の取得をめぐって紛争が各地で起きている。武装勢力の資金源にもなっており，採掘などで人権侵害が起き社会問題として深刻な状況である。

　このような人権侵害問題に対処するために米国では，2010年に制定された「ドッド・フランク法（ウォール街改革及び消費者保護法）(Dodd-Frank Wall Street Reform and Consumer Protection Act)」（以下，金融規制改革法とする）の第1502条に「紛争鉱物開示規制」が定められている。本規制は，1996年以降国内紛争が絶えないコンゴ民主共和国とその周辺諸国で産出する鉱物（スズ［tin］，タンタル［tantalum］，タングステン［tungsten］，金［gold］：3TGと呼ばれている）が武装勢力の資金源になっていることを問題視し，輸入を停止することを目的にしている。これまで商品の材料は，鉱物が精製分離され鋼材や部品になってしまうと原産地を問われることがなかったため，材料や原料調達に関して新たなシステムの構築が求められることとなった[注3]。EUでも2016年に「紛争鉱物規制法」（EU法：regulation）が採択され，鉱物購入の事前調査を義務づけている。またOECDにおいても2018年年次閣僚理事会（フランス・パリ）で48ヵ国（加盟国35ヵ国［2019年5月現在］および非加盟国）が「責任ある企業行動に関するOECDデューディリジェンス・ガイダンス（OECD Due Diligence Guidance for Responsible Business Conduct) OECD/LEGAL/0443」を採択し，政府と企業などが連

携して紛争鉱物資源規制を進めている<sup>(注4)</sup>。なお，デューディリジェンス（Due Diligence）とは，Due（正当な）とDiligence（努力）を組み合わせた言葉で「行為者の結果責任の有無を検討する際に行為者が行った注意義務および努力のこと」を意味する<sup>(注5)</sup>。

しかし，米国トランプ政権は，「経済成長・規制緩和・消費者保護法（Economic Growth, Regulatory Relief, and Consumer Protection Act）」を2018年に制定し，金融改革規制法（通称：ボルカー・ルール）の一部を改正し，厳しい規制や監督の対象から中堅以下の銀行を除外し，自己勘定取引（Proprietary Trading）<sup>(注6)</sup>の原則禁止規制対象から小規模機関を外している。紛争地域での人権問題である国際的社会問題の解決より，自国の利益を優先した措置である。前政権（オバマ政権）やEU，OECD諸国との価値観の違いが明確に現れている。自然科学的な法則が全く理解されないまま（無知なまま），人間（または自国）中心に人為的な活動が行われた古代からの価値観がいまだに根強く残っている。

② 鉱物の加工

人類が最初に加工技術を発達させた鉱物は銅である。その後，加工しやすい合金技術が生まれたことで飛躍的な発展を遂げる。イスラエルやイラクなどの遺跡からは，西暦紀元前（以下，前とする）4000年頃のものと見られるヒ素や鉛と銅との合金で作られた鋳造製品が出土している。同時期以降には，銅に錫を加え，融点を低くし鋳造しやすくした青銅（bronze：ブロンズ）器が世界各地の遺跡から発見されている（西アジアでは，前5000年頃の遺跡から出土しているとするものもある）。シュメール人が最初に利用したといわれている。青銅器は加工しやすく，生活に大きな変革を与える画期的な発明品だったと考えられる。

青銅の成分には，鉄，カルシウム，アルミニウム，ケイ素，イオウ，ニッケル，ヒ素なども含まれているものがある。これらは，剣，銅矛など武器（のちに祭祀化），銅鐸（楽器または宗教的道具），壺などに使用されたと考

えられる。しかし，製造過程等で発生する化合物などによる公害（または環境被害）が発生していた可能性がある。銅製品の含有物として出土しているヒ素や鉛などには強い有害性がある[注7]。当時，鉱物による有害性への安全配慮があったとは思われない。そもそも当時の平均寿命が30歳前後であることから，病気や死の原因は他の衛生面，自然の生物による毒のほうが大きかったと予想される。もしも，環境汚染による環境破壊や健康被害があったとしても，悪魔のたたりのように思われていた可能性がある。

　この時期の日本は，縄文時代前期（前5000年～前3000年）で，縄文土器の発明など文化的に発展していった時代である。青銅器は，鉄器と同時に弥生時代（前5世紀末から後3世紀半ば）初頭に朝鮮半島からもたらされている。世界では銅の利用のほうが先に進んでいるが，わが国では鉄の製造，利用のほうが積極的に行われている。

　銅がわが国で生産されたのは，708年に武蔵国秩父郡（埼玉県秩父市）で高純度の銅鉱石が発見され，採掘されたときからである。この銅は和銅と呼ばれ，この年の元号が和銅元年とされた。元号が変えられるほど社会的には大きな出来事であったと考えられる。

　8世紀中頃に作られた奈良東大寺の大仏には，500t弱という大量の銅（青銅）が使用されている。このほか，錫が8～9t，金が400kg弱，そして水銀が2,000kg以上も使用されている。それぞれの物質を精錬する際に，それぞれの物質の持つ有害性や一緒に掘り出された廃棄物の有害性によって，環境

図Ⅱ-2　黄銅鉱
（$CuFeS_2$：銅鉱石）

イオウを多く含有しており，銅を分離する際にイオウ酸化物（$SOx$）や煤塵（ばいじん）が発生し，水分と反応し硫酸（$H_2SO_4$）を生成し，健康被害を発生させる。酸性雨の原因でもある。

汚染が引き起こされていたことが予想される。金を数グラム採取するには，現在でも1tもの廃棄物が発生している。これら物質の中でも，最も有害性が強かったものは水銀である。

水銀は，当時，奈良県や三重県などから産出する辰砂（しんしゃ：硫化水銀［HgS］を主成分とする）を焼いて沸点の違いにより分離し生産していた（水銀は，前1500年からエジプトの古墳からも発見されている）。おそらくこの水銀精製作業現場でも水銀による中毒者が発生していたと考えられるが，大仏全体に金をメッキする際に用いたアマルガム技法（6世紀頃から金の冶金技術として利用されていた）で水銀を気化したことで，大規模な環境汚染が発生したと予測されている。

この汚染で発生した無機水銀は，水俣病で問題となった有機水銀に比べると有害性は低いが，かなりの濃度が大気中に放出されたため甚大な被害が発生したと考えられている（筆者の個人的な見解では，自然に排出された水銀が自然の食物連鎖など自然システムの中で有機水銀を生成し被害が拡大したのではないかと考える）。政治機能自体も崩壊したとの説もある。技術の効果のみにとらわれると，そのデメリットが見落とされる危険がある。技術を使いあぐねているともいえよう。現在では，水銀および有機水銀の有害性は国際的にコンセンサスを得ており，EUで「RoHS指令（Directive on Restriction of the use of certain Hazardous Substance）」[注8]が2003年に発効，2006年に全面施行，2017年には「水銀に関する水俣条約（Minamata Convention on Mercury）」[注9]が発効している。

鉱物資源は副産物による環境汚染が過去から数多く発生しており，リスクは低減していかなければならない。各国政府による政策および国際的な協調が必要である。

③　科学技術向上とリスクの知見不足

明治になると，銅の大量生産技術が普及し，わが国の銅生産量は米国，チリに次いで世界3位となる。銅の需要は増加し，道具の他にも電線（金のほ

うが高効率であるが低価格であることから通信ケーブルなどに利用），硬貨，銅像（美術品，偶像）などにも利用されるようになる。

　数千年前には，銅のほとんどは地下に埋まっていたが，現在では，地上（われわれの身の回り）の至るところに存在するようになり，環境中の銅の存在バランスが全く変わっている。その結果，世界各国で多くの環境汚染を発生させている。わが国では銅鉱山が多く，複数の地域で環境汚染が発生している。特に足尾銅山で発生した鉱毒事件は社会的にも大きな問題となり，環境政策を推し進めた重要な原因の1つとなった。この事件が起きた栃木県足尾銅山周辺では，1880年前後（明治13年頃）から流出した銅化合物および硫化物（亜硫酸ガスなども含む）などによって，渡良瀬川流域沿岸で魚類などに異変が生じた。そして，1890年（明治23年）の洪水によって流域一帯に土壌汚染が拡大し，広範囲にわたって農作ができなくなった。

　銅鉱石の多くは黄銅鉱（$CuFeS_2$）（図Ⅱ-2参照）などの硫化物やマラカイト（$Cu_2(OH)_2CO_3$：孔雀石）であり，足尾銅山は銅硫化物が採掘されていた。1945年以後，黄銅鉱などの硫化物からイオウ分を分離し，硫酸の生産も始めた。銅の需要が高まり生産が急激に増加したことで，ばい煙も大量に廃棄されるようになり周辺地域に霧のように漂う事態となっている。生成工場内の設備の酸化腐食も促進させている。排煙は，足尾町周辺に深刻な大気汚染（酸性物質による有機質の破壊）を発生させ，周辺の森林も破壊した。

　当時の日本政府の価値観は，環境問題の解決よりも経済発展であり，富国強兵が優先されていた。汚染被害者の救済，再発防止はもとより予防には目は向けられていなかったと考えられる。特定の地域の住民が極端な不公平に曝されていたにもかかわらず，国益を優先することは，間違った価値観であり環境政策にとって大きな障害である。

　近年では，国内での銅の消費は2008年に起きた国際的金融恐慌リーマショック以降，銅地金は90～110万tで，そのうち銅電線は60～70万tである。銅鉱石はほとんどが輸入で，チリ，カナダ，ペルー，オーストラリアからである。しかし，以前に大量に使用された通信ケーブルは，光ケーブルまたは

**図 Ⅱ-3　足尾銅山周辺の現在の環境**

銅鉱石の採取と生産最盛期は，周辺一帯がばい煙に包まれ，農民は移転せざる得なかった者までいた。しかし，この銅生産のおかげで日本の経済的な発展の大きな支えの1つとなった。経済的な成長と環境破壊は隣り合わせにあったといえる。発展の恩恵にあずかる者と損害を被る者の両方が発生している。同様なことが世界中で起きている。
足尾銅山は1973年に閉山した。資源が枯渇すれば，開発そのものもドラスティックに終了する。政策なき資源の消費，枯渇は，さまざまな分野で現在も進行し続けている。

無線通信利用に代わりつつあり，硬貨は製造コスト高および利便性から電気通信を利用したバーチャルマネー（電子取引，クレジットカード，電子マネー，仮想通貨など）に変化している。今後さらに需要は低下していくと予想される。対して，高性能な電子器機，燃料電池の需要が増加していることから，導電性が高い金，インジウムや触媒などに使用される白金の消費が増加している。これらは，地球に少量しかない化学物質（原子）であるため，マテリアルリサイクルへと鉱物精製も変化している。いわゆる都市鉱山の利用である。

すでに多くの公害を発生させたわが国は，過去の経験から失敗分析を行い，技術面における再発防止策を数多く施している。他のさまざまな環境汚染対策に応用していくことが可能である。ただし，被害者救済は，いまだに解決していない。すなわち，一種の失敗分析である汚染原因分析[注10]を慎重に行い，再発防止策を検討し，新たな開発においても点検・評価を進めていくことが重要である。環境配慮を持って計画的に開発を行い，資源採掘，生産，移動，消費，廃棄物処理・処分とLCAの視点を持たなければならない。地道に対処していくことで新たな被害の防止につながっていくだろう。

今後，先端技術で必要とされている希少金属の国際的な市場拡大に伴い，

世界各国でマテリアルリサイクルが進められると考えられる。マテリアルリサイクルに関しても化学反応を利用した精製が必要であることから，汚染対策が不可欠である。したがって，過去の公害のような被害発生を防止しなければならない。

## II.3 自然の喪失

### (1) コモンズ崩壊

① さまざまな空間

　地球上のほとんどの陸，海および上空に関して，個別の国または個人が所有または占有している。海底の隆起によって新たに島が誕生すると，関連の国々がその所有権を確保するために必死になる。沈みかけると人工的に建造物を作るなど懸命に現状維持を図る。以前は果てしなく広いと思われてきた海域は1982年に「海洋法に関する国際連合条約（United Nations Convention on the Law of the Sea，通称：国連海洋法条約）」を採択，1994年に発効（わが国は1996年に発効）して以降，領海，公海，大陸棚に加えて，国際航行使用の海峡，排他的経済水域[注11]（Exclusive Economic Zone：EEZ）と新たな規定が設けられ，各国の支配域が明確に定められつつある。しかし，しばしば国家間で主張の食い違いが起こっている。

　人が全く住んでいなかった南極大陸は，1959年に日本，米国，英国，フランス，ソ連（当時：現 ロシア）など12ヵ国で「南極条約（Antarctic Treaty）」を採択，1961年に発効（2016年2月現在，締約国数は53ヵ国）し，領土権の主張の凍結など以下に示す規定が定められている（外務省ホームページより引用。https://www.mofa.go.jp/mofaj/gaiko/kankyo/jyoyaku/s_pole.html（2019年3月））。

### 表 II-1　南極条約の主要な規定

- 南極条約は南緯60度以南の地域に適用
- 南極地域の平和的利用（軍事基地の建設，軍事演習の実施等の禁止）（第１条）
- 科学的調査の自由と国際協力の促進（第２，３条）
- 南極地域における領土権主張の凍結（第４条）
- 条約の遵守を確保するための監視員制度の設定（第７条）
- 南極地域に関する共通の利害関係のある事項について協議し，条約の原則及び目的を助長するための措置を立案する会合の開催（第９条）

　しかし，英国，ノルウェー，フランス，オーストラリア，ニュージーランド，チリ，アルゼンチンは南極の一部に領土権を主張しており，この問題は解決していない。なお，現在観光客の増加など直接的な環境影響が懸念されており，環境保護に関する「南極条約議定書（Protocol on Environmental Protection to the Antarctic Treaty）」（1991年採択，1998年発効）も運営されており，わが国をはじめ締約国は国内法[注12]を整備し対応している。今後，地球温暖化による氷河の減少（表土の増加），地下資源の所有に関し，コモンズが保護されていくことが望まれる。

　また，宇宙においては，「宇宙条約（「月その他の天体を含む宇宙空間の探査及び利用における国家活動を律する原則に関する条約［Treaty on Principles Governing the Activities of States in the Exploration and Use of Outer Space, including the Moon and Other Celestial Bodies］（1967年発効）」（わが国は1967年に批准）が作られ，宇宙の特定の国による領有は禁止されている。宇宙開発に関しては，「月その他の天体を含む宇宙空間の探査及び利用は，すべての国の利益のために，その経済的または科学的発展の程度にかかわりなく行われるものであり，全人類に認められる活動分野である。月その他の天体を含む宇宙空間は，すべての国がいかなる種類の差別もなく，平等の基礎にたち，かつ，国際法に従って，自由に探査し及び利用することができるものとし，また，天体のすべての地域への立ち入りは自由である。月その他の天体を含む宇宙空間における科学的調査は，自由であり，また諸国は，この調査における国際協力を容易にし，かつ，奨励するものとする。」（条約

第1条）と各国が自由にできることを認めている。

　宇宙開発は，軍事的，安全保障面で極めて重要であるが，行うことができる国は限られている。宇宙空間は，大陸間弾道弾ミサイルの経路であり，軍事衛星（人工衛星）も飛び交っており，特殊な環境である。コモンズであるがゆえに却って見えないリスクが多い。気象衛星，国際宇宙ステーションなど，低空には通信衛星（携帯電話などに利用）も飛び交っており，これらはしばしば衝突しスペースデブリとなり，地球の周りを猛スピードで飛んでいるものもある。半径数cm～1m以上の半径を持つスペースデブリが，数千～数万存在していると考えられている。宇宙空間もゴミが多く存在する事態となっている。他方，空間の所有権，占有権の問題も国際的議論になる可能性がある。月も領土または個人所有を主張する者も現れるだろう。

　このような状況の中，身近なところに存在する空気は人類共通に使用するものであるため，所有権，占有権がなく，コモンズそのものであり管理が極めて難しい。昔の里山，里海，里川などのように特定の人の管理下で守られることもない。近年では，個人所有の広い土地に栽培している農作物も窃盗事件が発生しており，コモンズでなくとも広大な自然の中での管理・監視は非常に難しい。自然の一部でも人類は所有または占有を行っているため，所有，占有されていないものは自由と考えがちである。この自由は，いくら消費しても自然はいつまでも同じ状態であるとの錯覚を生み出してしまっている。また，科学的に問題であることが証明されても，これまで大丈夫だからまだ大丈夫といった貧弱な根拠のもとで，利己的な行動を肯定してしまっている。限りある空間では，限界点を超えた時点で破綻する。すなわち，持続可能性を失うこととなる。

　領土をめぐっての国家間の争いは世界各地で絶えず起こっており，個人間における土地所有権の問題も絶えることはない。これは限りあることがわかっているから発生する，テリトリーを増やす争いである。空気（大気），水（湖沼，川，海），土地（地下資源，地上，土壌）は，実際には限りあるコモンズであり，無限と勘違いするといずれ大きな変化が起こりまたは枯渇

する。時間が経過することでそれら問題が顕在化するため，この時間の長さがコモンズ崩壊の重要なファクターとなる。世代を超えての変化は，問題が顕在化した時点で手遅れとなる可能性が大きい。地球規模の変化は，地球全体の生物，生態系の崩壊につながる可能性がある。

② 文明と自然

　地球をはじめ，宇宙は時間とともに空間の状況が変化していくのがごく当たり前の現象であるが，これまでにも人類の生活を大きく変えてしまったことがある。また，人間そのものの活動も時間ともに変化していく。

　そもそもは農民，漁民だったと考えられているバイキング（デンマーク，ノルウェーなど）は，8世紀頃から武装船団で北欧から北米まで侵略している。人口増加または気候変動による農耕地の不足などが原因との学説がある。その後広大な国を作り，11世紀にデンマークのクヌット2世が築いた北海帝国（アングロ・スカンディナビア帝国［イングランド，デンマーク，ノルウェー］）の支配下となった英国で，森林保護を目的とした森林法（1014年）が制定されたとされている。自然保護の考え方をすでに持っていたと考えられる。バイキングは，支配した地域の文化，習慣に順応したとされているため，コンセンサスに基づいた法制定と思われる(注13)。

　対して，森林を破壊したことで文明の持続可能性を失った事例もある。5世紀頃，南太平洋の孤島であるイースター島に，西太平洋から船でポリネシア人が移住してきている。1200年頃から1600年頃までモアイ像を建造し，天文学など科学的な知識を持ち，7,000人から8,000人程度の人口にもかかわらず神殿を47も建設したとされている。このように高度な建築技術などを持っていた文明も，モアイ像の建設を重視し，自然消費について配慮しなかったために滅んでいる。石切場でモアイ像を成形し，移動経路の森林を伐採し，丸太で運搬したことが文明崩壊の原因である。比較的小さな島（166㎢）で森林が喪失したため，表土が流出し農作ができなくなり，漁業用の船も造れなくなった。島には食料もバイオマスもなくなり，船もなくなったことから

他の島や大陸へ移動することもできなくなった（ペルーまで約3,800km）。いわゆる巨大な宇宙にポツンと生命が存在する惑星「宇宙船地球号」と同じ状態となったといえる。バイオマスがなくなってからは、食料をめぐって島では抗争が繰り返され、人食いまで始まり、未開な状態へと変化し、文明は消滅した。注目すべきことは、モアイ像が完成し移動が完了しているものは200体で、製造中のものが700体もあったことである。したがって、滅亡するまで、自然の変化よりモアイ像を建造することを重視する価値観がいかに強かったかが想像できる。現在の経済成長中心主義によく似ている。そして、その後19世紀にペルーが住民のほとんどを奴隷として連れて行ってしまっている。「コモンズの悲劇」(注14)そのものである。

　11世紀から12世紀（学説によって異なる、14世紀までとの説もある）に米国コロラド州南西部先住民のアナサジ族が数千人規模で住居にしていた断崖をくりぬいた集落遺跡群（メサ・ヴェルデ遺跡）がある。この遺跡も突然、住民がいなくなっている。住民が生活に必要な木材調達のために伐採を行ったことによって、バイオマスが喪失してしまったと考えられている。特にこの地域は乾燥地帯で、土地が痩せているため、バイオマスの再生が追いつかなかったと予想される。

　どちらの文明も遺跡として、「世界の文化遺産および自然遺産の保護に関する条約」に基づいてユネスコ（United Nations Educational, Scientific, and Cultural Organization：UNESCO）に世界遺産として登録されている。高度な技術や文化を持っていたと思われるが、自然の変化を考え、持続的開発を進めることはできなかった。持続可能な開発を進めるには、英国の森林

図Ⅱ-4　**米国・コロラド州**
1世紀頃からアナサジ族が定住していたとされるコロラド州は、西部は山岳地域が多く、メサ・ヴェルデ地区など降雨が少なく乾燥している。1万3000年以上前から先住民が住み着いていた。

法のように自然維持に加え，人間が自ら作り上げた価値観を変えていく必要があるだろう。自然保護のためのエコマネジメント手法として，ユネスコが登録している世界遺産以外にも，米国のイエローストーン公園から始まった各国政府による国立公園管理，FAO（Food and Agriculture Organization of the United Nations：国連食糧農業機関）が世界的に重要かつ伝統的な農林水産業を営む地域について認定している「世界農業遺産（Globally Important Agricultural Heritage Systems：GIAHS）」がある。環境政策面からも重要な施策となる。

### ③ 人為的変化

科学技術が発展し，天文学，航海技術などが向上してきたことで大航海時代（15世紀から17世紀前半）へと世界が変わってきたことで，人間活動が自然に与える影響も次第に大きくなってくる。16世紀にスペインがアメリカ大陸をはじめ世界各国に植民地をもち最盛期を迎えると，他の欧州の国々もこれにならい，大量の船が建造され，欧州各国との利権争いによる戦争や貿易で，薪，木炭など多くのエネルギー資源が必要になった。イングランド海軍が1588年にスペインの無敵艦隊「アルマダ」に勝利した後は，英国が世界の覇者となり，大規模に森林資源を消費した。欧州各国で膨大な森林が喪失していき，現在存在している森は新たに植林された人工林が多い。

英国では，その後の産業革命で国土の森林（バイオマス）が急激に減少した(注15)。そして深刻な自然破壊に問題意識を持った人々（弁護士，哲学者，大学教員，国会議員）などが環境保護団体を設立し，環境保護活動が生まれた。この世界で最初の環境団体はコモンズ保存協会（現 オープンスペース協会）といわれており，この団体会員だったオクタビア・ヒルとロバート・ハンターが設立したナショナルトラストは，現在国際的に環境保護および文化財保護を展開している。

世界で最初の環境団体の名称にも使われた英国で生まれたコモンズという考え方は，共有地と訳されることが多い。しかし，そもそもは英国の王や貴

族の所有地を庶民階級の人々に平等に使わせたという概念から始まっている。現在では，公園（地域の公園，国立公園，世界遺産など）にこの考え方が引き継がれている。13世紀以前は法律も封建制度のもとで各地方の慣習法が中心であったが，13世紀後半になると判例（先例の裁判）が国民に共通した法となり，コモン・ロー（common law）と呼ばれる法体系が作られている。"common"という言葉は，共に役に立つ，共有，共通，共同など意味となっている。なお，コモンセンス（common sense）は，誰もが持っていなければならない良識など倫理的なことを意味する。

現在では，グローバルなコモンズとして，自然すなわち地球の大気，海，土地，森林，生物など広く共有しているものすべてを意味している。日本にも存在する入会地における入会権は，"right of common"と英語では表されている。漁業のように狩を主とするものには，昔から漁獲入会権（入浜権）が厳しく保たれている。しかし，わが国のコモンズは，しばしば地域活動に関連づけて地域の共通の資源として狭い範囲で行われているが，明確な特徴が示されていない。「有機農業」などはコモンズ的イメージとして捉えられているが，手間がかかり，大量生産できないためコストが大きくなり，地産地消で行うことは困難となっている。経済的価値を持ち持続的に行うには，購買層が多く存在する大都市へ出荷することとなり，フードマイレージ（環境負荷：第Ⅲ部3(3)参照）が大きくなる。漁業も漁獲した食品が世界中を移

### 図 Ⅱ-5　白山公園（新潟県新潟市）

1873年（明治6年）に開園した日本で最初の市民公園の1つで，オランダ風の回遊式庭園となっている。周辺は新潟市により白山風致地区に指定され，景観等の保全も行われている。1989年に「日本の都市公園100選」（緑の文明学会と社団法人日本公園緑地協会によって選定）にも選ばれ，2018年に国指定の名勝に指定（文化財保護法第109条第1項）されている。

動している。腐敗が早いため飛行機で運ばれ，大きなフードマイレージとなるものもある。動植物から得られる食料は，最初の有機物はすべて光合成で作られているため，日光と大気中の二酸化炭素および土壌の水分で作られており，グローバルコモンズである。

　コモンズは，人類の共有のものであり，視覚的に最もわかりやすいものは「森林」である。人類が最初に環境に対して問題意識を抱いたのも森林減少である。人類も初心に戻り，コモンズとしての森林を保護することに今一度積極的に取り組んでいくべきであろう。

　里山での重要なエネルギー資源は森林であり，薪としてストックされてきた。また，木炭(注16)にして効率的に貯蔵，使用されている。一時，タタラ鉄の生産などで使用する木炭製造のために森林破壊が問題になったこともあったが，樹木の再生能力を考えて森林経営が行われたため持続的に木炭が作られた。しかし，その代替エネルギーとして登場した石炭が多量に安価で採掘されたため，木炭の需要が少なくなった。このため，現金収入源とならなくなった里山の森林管理は衰退していくこととなる。ただし，近年木炭は，新たに①燃焼するときに発する輻射熱，赤外線の効果を料理に利用，②表面が多孔質であることから活性炭と同様の効果の応用，が期待されている。新たな収益源となる可能性があり，里山管理の推進が検討されている。

(2) 身近な存在——水の供給

① 風評被害
　環境問題にはさまざまな形態があり，一般公衆にわかりやすいものとなかなか気づきにくいものがある。また，気候変動のように，ある程度の年齢の人であれば明らかに気候が変化していることがわかっていても，なぜかほとんど問題にしない場合もある。しかし，ひとたび因果関係が明白な環境汚染被害が発生すれば大事になる。自分に直接影響が及ぶ事態が迫るとその不安感は急激に高まる。

また，悪質な風評被害もしばしば発生する。身近なところに影響が及ぶ可能性があったり，または虚偽でも噂が流れればすばやく大衆は反応する。近年では，SNS（Social Network Service）などインターネットを用いたコミュニケーションが世界中に広がったため，不特定多数の人々へ情報伝達が簡単に行われる。テレビで伝えられるさまざまな情報を安易に信じ込む人は以前から非常に多く，インターネットでも同様な傾向が起こっている。

② 気になる環境リスクと気にしない環境リスク

生活に影響をおよぼす環境リスクが迫ると，またたく間にさまざまな情報が広がり，多くの人の不安を煽る。身近な飲料水，食に関することは，人の健康，生命に直接関わることで高い注目を浴びる。例えば，東京電力福島第一原子力発電所事故（2011年）では「放射性物質が感染する」，「市販薬のヨード剤で除去できる」（実際には，却って有毒物質の摂取となる）などさまざまな間違ったの情報が流れた。これらは，インターネットによって急激に拡散した。

さらに自然科学では解明できない現象が起きると，神がかり的なまことしやかな噂が流れることもある。中には天変地異の前触れといった古代社会のような噂まで飛び交う。これまで発生した人為的な水質汚濁に関しても科学的に解明できない間は，被害を「たたり」などという根拠がない風評が広がっていた。これまでの公害でも多くの事例が確認されている。

しかし，自然科学的に解明が進められている環境変化，特に長期間を要して大きな環境変化を生じさせている現象に関しては，直接的な被害が生じるまでそのリスクに関心が向けられない。1990年に世界気象会議で発表されたIPCC（Intergovernmental Panel on Climate Change：気候変動における政府間パネル）第一次報告書では，すでに気候変動による「水不足と水害」に関して，事実に基づき問題提起がされている。さらに地球温暖化が原因との高い可能性を持った科学的見解も示しているが，問題解決のための国際的なコンセンサスは得られていない。また，エルニーニョ現象が発生する年は，

世界各地で気象が不安定となり，特定地域には洪水が起こり，他の地域には干ばつが問題になる。2002年以前は5年に一度周期的に発生していたが，その後不定期となり被害も拡大の傾向にある。数百年の歴史の中で，自然災害が起きにくい場所に建設された神社仏閣などが洪水被害を受けている。2007年，2008年と連続して起きたエルニーニョ現象では，これまでにない干ばつのためオーストラリアの農業に甚大な損害を発生させた。日本で問題となったのは，オーストラリアからの農産物輸入が少なくなり，食料品の値段が高騰してからである。

世界各地に気候変動が発生しており，深刻な干ばつと洪水が発生し，年を追って頻度が高まり，規模も大きくなったことで被害も悪化している。気にしていなかった環境リスクが，身近に迫り気になるリスクに変化してきている。少しずつ世論が高まってきているといえる。しかし，国，地域に格差があるため，国際的なコンセンサスが得られるには至っていない。

③ 水の循環

人が生活するうえで最も基本的な飲み水に関しても，供給危機のリスクが高まっている。1941年から始まった「緑の革命」から農業の工業化が世界各地で広がり，単位面積当たりの収穫量が急激に増加している。二毛作，三毛作も途上国を中心に行われるようになった。このことから水の消費量も急激に増加している。輸出された農作物には多くの水が含まれ，栽培中にも多くの水が使われる。したがって，輸入国ではその水を消費することなく食料を得ることができる。この水は仮想水（Virtual Water）といわれ，大量の農作物を輸出する国は莫大な水が必要となる。わが国も農作物の輸出を国策として推進しているが，大量の水を確保しなければならない。農作物を栽培するためにどのくらいの水が必要であるのか，LCA，LCM（Life Cycle Management）を行いウォーターフットプリントを計算しておかなければ，持続可能性は見込めない。

工業においても大量の水が必要である。以前7大公害[注17]といわれたも

のの1つに地盤沈下がある。これは地下水の汲み上げすぎが原因である。また，地表面がコンクリート等で覆われ降雨が浸透しなくなり，井戸が枯渇する被害も起きている。東京都東部の海面下（海抜0m以下）の地域は，地下水の汲み上げすぎで地盤沈下したもので，地球温暖化による海面上昇による高潮などのリスクが高まっている。また，海水面の水温上昇によって上昇気流が大きくなったことで，エネルギー供給を得た多くの台風が日本に来襲するようになり，さらにリスクが高まっている。

他方，日本で1960年代に起こった工場排水からの有害物質による水質汚染が，工業化を進める開発途上国を中心に広がっている。PM（Particulate Matter）汚染をはじめ大気汚染も汚染物質がいずれ降下し，土壌汚染や水質汚濁を引き起こす。また，日本では土壌汚染対策に関する法規制制定が先進国中では極めて遅く，2003年にようやく対策法が施行されている。防止法の制定はなく，工場跡地や廃棄物の不法投棄などによる汚染土壌があちこちで発見されている。

都市開発やソーラーファーム，ウィンドファーム造成による森林伐採は，保水能力が低下する。さらにダムの建設では，発電，治水および飲料水の供給（水道）ができるが，生態系破壊や住居の移転など問題が発生するため，新たなダムを建設することは困難になっている。国土が狭いわが国では，新たな建設場所はほとんど存在していない。日本の雨量は世界平均に比べ約2倍あるため，豊富に水があると思いがちだが，夏には渇水がしばしば問題となっている。今後，水のリサイクルシステムを向上させていく必要がある。

④　飲料水

地球には，約14億km³の水があると試算されているが，その約97.5％が海水などで，飲み水にできる淡水は約2.5％のみである。その大部分が南・北極地域，グリーンランド，山岳地帯などの氷や氷河で，人間が飲料水にすることができる地下水，河川，湖沼になると極めてわずかである。水は自然の中で循環しているので，このシステムを維持することも必要である。しかし，

地球温暖化や地上に作られる人工物は、水循環システムも変化させている。もっとも、水循環における水量の正確な挙動はいまだ明確になっていない。

海水を淡水に変換する技術も開発されているが、まだ大量に製造するには至っていない。また、風力発電等、夜も発電するような電力を使い燃料電池の燃料となる水素を製造し、発電時に酸素（空気）と酸化反応させた際に生成する水を飲料水にする開発も進められている。そもそもバイオマス、化石燃料の燃焼時には、水が生成されるので新たな飲料水の確保の可能性も期待される。

淡水にも種類がある。不純物を含まないものを純水といい、$H_2O$のみの水ということになる。化学実験では、純水を作るために活性炭で微粒子状のものを物理的に吸着させて取り除き、その後イオンをイオン交換樹脂で結合させて取り除いたものをイオン交換水といい、純水に近いものとなる。さらに純度を高める際には、その後蒸留も行う。ただし、純水のように自然界にないものを人間が飲むと却って体調を崩してしまうため、人が飲むには微量に不純物を含んだもののほうがよい。カルシウム、マグネシウムを比較的多く含むと硬水というが、いわゆるミネラルウォーターである。WHO（World Health Organization：世界保健機構）では、上記2物質が120mg/l以上含まれているものを硬水と定めている。欧米の地下水などから作られる飲料水は硬水である場合が多いが、日本人はあまり摂取していないため体調を崩す場合がある。日本製のミネラルウォーターには、不純物が少ない軟水のものがある。

**図Ⅱ-6　ミネラルウォーターの成分**

成分とその配合量はさまざまである。また、欧米では炭酸が入ったものが多くある。湧き水もミネラルウォーターである可能性が高いが、殺菌されていないためペットボトルで販売しているものとは異なる。

以前の水道水は次亜塩素酸カルシウムなどで殺菌するため，塩素やカルシウム分が多く（なぜか，一般的にカルキ［オランダ語が語源の石灰を意味する］分といわれている），飲料水として避ける人もいた。しかし，近年は塩素分を必要最小限にし，よい水源から作られているものは，地方公共団体からおいしい水としてペットボトルで販売されているものもある。日本では，この飲める水である水道水を車の洗浄などに使用しており，非常にもったいないことである。人が飲むことはできなくとも，車などの洗浄には十分の水を供給する中水道を作る計画もあったが，莫大なインフラストラクチャーコストが必要となるため実現していない。ただし，大きな施設の屋根から雨水を浄化しトイレ用に使うなど，水道水使用の減量化はすでに複数の施設で行われている。

　水は身近に存在するが，飲料水にできるものは限られている。また，農業での使用量も増加しており，無駄な使い方を減少させ，水の浄化，リサイクルを考えていくことが望まれる。飲料水を摂取する場合も正確な知識を理解し，適切に対処していくことも必要である。

## II.4　生物資源

### (1)　海洋資源管理——捕鯨

#### ①　商業捕鯨

　自然に生息する生物で，世界の多くの人が絶滅を危惧している種として鯨があげられる。鯨は，海における食物連鎖の最も高い位置にあり，人にとっては古来より重要なバイオマス資源である。当初街頭の明かりなどランプ用の油や動物蝋（脂肪に類似の高分子）の原料として捕獲された。捕鯨が始まった頃は，死亡しても海中に沈まないセミクジラやマッコウクジラが捕獲の対象となり，沈んでしまうザトウクジラは対象となっていなかった。

　世界で最初に商業捕鯨が始まったのは，9世紀後半といわれている。フランスの西の大西洋に広がるビスケー湾では，スペイン北部からフランス西南部に居住していたバスク人によって捕鯨が盛んに行われ，12世紀頃にはスペインの主要な産業になっていた。捕獲の対象となったのは，セミクジラで，

図II-7　**ゴンドウクジラ（小型の鯨）**
鯨に関しては，多くの人々が親しみを持っている。世界中で人気があるホエールウォッチング（自然観察）や水族館等で比較的身近に見られるイルカ（ハクジラの小型種で一般的に4 m以下のものをいう），シャチ（クジラ目のハクジラの一種で体長約9 mあり，鯨を襲う：鯱ほこの略）のショーなどが，世界中で観光として人気がある。人と同じほ乳類であることも親しみを持つ理由と考えられる。

英語では"Right Whale"と示され，"Right"は捕鯨に最適という意味でつけられている。前述のように死亡しても沈まず，泳ぎも遅く，大量の油やひげ（女性のコルセット等に利用）がとれることから名付けられている。

　鯨は，経済的利益が大きいことから乱獲が行われ，個体数が激減し，北アメリカ沿岸や北極海へと漁場が広がっていった。17世紀になると欧州各国（英国，オランダ，デンマーク，ノルウェーなど）が鯨資源を確保するようになり，北極圏（アイルランド，グリーンランドなど）の海域でセミクジラだけではなく，ホッキョククジラなども大量に捕獲するようになった。その後，米国，ロシア，日本なども捕鯨を行うようになり，世界の海から鯨は急激に減少した。特に米国の捕鯨活動は世界中に及び，19世紀中頃ピークを迎えている。ハワイを寄港地として太平洋での捕獲が行われ，日本沿岸にも米国の捕鯨船が漁を行っている。その後20世紀になり，鯨の個体数の激減や米国の南北戦争（南軍支持者によって多くの捕鯨船が沈没させられた）などで，捕鯨活動が衰退していった。しかし，第二次世界大戦以降，わが国は国際的な動向に反して，南極海などで捕鯨を拡大させた。鯨が絶滅の危機に瀕しており，捕鯨を続けると生物資源としても枯渇する（持続可能な可能性がない）ことが予見されるにもかかわらず，わが国政府が事業抑制施策をとらなかったことは政策の失敗である。日本では畜産が少なくタンパク源を海洋からの漁獲から得ていたことが，商業捕鯨を続けた原因と思われる。しかし，養殖のように人工的に個体数の管理ができないことから，グローバルコモンズの面から対処が必要となっている。

　現在では，これら鯨は，世界自然保護連合（International Union for Conservation of Nature and Natural Resources：IUCN）が作成している「レッドデータブック」で絶滅危惧種に指定されている。1948年に発効した「国際捕鯨取締条約（International Convention for the Regulation of Whaling）」に基づき設立された国際捕鯨委員会（International Whaling Commission：以下，「IWC」とする）[注18]では，1986年に大型鯨類13種（シロナガスクジラ，ナガスクジラ，ホッキョククジラ，セミクジラ，イワシクジラ，マッコ

ウクジラ，ザトウクジラ，コククジラ，ニタリクジラ，ミンククジラ，クロミンククジラ，キタトックリクジラ，ミナミトックリクジラ，コセミクジラ）の商業捕鯨を禁止している。しかし，IWCの決定のもと，1987年から日本による科学調査目的の捕鯨が開始されている。この調査捕鯨で捕獲した鯨肉のうち調査研究用以外を食用にしていることから，捕鯨反対を訴える団体（シーシェパード，グリンピースなど）からが激しく抗議を受けた。

2017年3月に公表された政府（鯨に関しては環境省ではなく水産庁が担当）が示すレッドデータ『水産資源の希少性評価結果』（2017年3月21日）では，「わが国周辺水域に生息しており，水産庁が資源評価を行っている種及び水産庁が多くの知見を有する小型クジラ類」として，ツチクジラ，コマッコウ，マイルカ，カマイルカなど取り上げられ，すべて危惧されるランク外との評価となっている。この結果からは，わが国の周辺には，絶滅危惧となるような鯨はいないことが示されている。その後，2018年12月には，日本政府はIWCから脱退し，日本の領海と排他的経済水域（EEZ）で商業捕鯨を2019年7月から再開している。日本の排他的経済水域にはミンククジラが比較的多く生息し，昔より複数の国で食用として捕獲されていることから，捕鯨の対象になる可能性が高いことが国際的反捕鯨団体から懸念されている(注19)。

鯨に関する博物館，または捕鯨等に関した資料を展示している博物館は各地にある。まず，これまでの調査・研究結果，歴史などを把握し，複数の事実から鯨の生息を分析し世界へ公表する必要がある。他の食用の海生生物のように養殖できれば，捕鯨は抑制されていくとの考え方もある。マグロも養殖が期待されている。ウナギのように海洋における挙動が解明・管理されず，養殖しても不安定な食料供給となっているものもある。捕鯨問題は文化的背景が強く，牛や豚のように養殖しても「かわいそう」といった考え方は根強く残ると思われる。

マグロをはじめ多くの海生生物を食用とするわが国にとって，商業漁猟を行っている他の魚でも発生してくると予想される。漁猟を中心とする漁業は，

生産管理が進んだ農業に比べ資源の維持の面から，不安定である。海洋資源管理の面から養殖拡大への期待は今後さらに高まると考えられる。農業における農薬，化学肥料汚染問題のように，不自然な自然維持には薬剤は不可欠であり，養殖におけるデメリットも十分事前評価するべきである。

② 古来の捕鯨文化から商業捕鯨へ

わが国では，鯨は「古事記」(712年) にも登場しており，「いさな (勇魚)」ともいわれ，海に生息しているので巨大な魚と思われていた (ただし尾びれは魚と異なり水平状態になっている)。「寄り鯨」といって，海岸に打ち上げられた鯨を周辺住民がさばき，食料 (肉)，材料 (鯨油，歯やひげ) に分類し分配されていた記録が，山口県，石川県，新潟県，千葉県，和歌山県などに残されている。鯨塚も海岸近くに数多く残されている。

鯨を複数の船で漁をすることも行われており，和歌山県太子町の捕鯨 (猟)(注20) では，きれいに彩られた船で捕鯨が行われている。全国各地に鯨塚や鯨を祭った神社などもあり，当時の捕鯨の様子を描いた絵馬なども残っている。絵馬には，一頭の鯨を狩猟するだけでも多くの人で命がけで行っていた様子が描かれている。他の魚，他のほ乳類等生物に比べ巨大な鯨は，莫大な食料 (タンパク源) であり，怪物または神聖な生物であったと考えられる。

図 II-8　鯨の刺身

石川県真脇遺跡 (紀元前約6000年から約2000年) ではイルカ (鯨) の骨が多数見つかっており，縄文時代にイルカを食していたと推定されている。古来より自然に生息する動物を食する場合，日本や多くの地域で神から命をいただくことに感謝している。決して無駄な食べ方はしていない。このような食文化と商業狩猟は全く別なものである。

江戸末期に黒船が来航して以来，米国に要求された捕鯨船への供給が行われるようになった。その結果，日本周辺で欧米の国々が競って大型船で捕鯨をするようになり，日本海沿岸の鯨は激減している。鯨は北極海周辺と南方を回遊しているものが多く，特に子供を産む際に暖かい海に移動する習性がある。欧米の捕鯨船はその回遊に沿って狩猟していた。捕鯨技術も発展し，より多くの鯨を捕獲できるようになる。ロープがついた銛をミサイルのように発射し，確実に鯨を確保できるノルウェー式捕鯨技術が開発・普及し，さらに多くの鯨が捕獲されるようになる。鯨は呼吸のためしばしば海面に現れるため，そのときに銛を発射する。まず，最も経済効率がよいシロナガスクジラ（最大全長約33m，150t）のような大きな種が標的となり生息数が激減する。

　そして，鯨の生息数が極めて少なくなったため，これまで捕鯨の対象とならなかった狩猟後沈んでしまうザトウクジラなども確実に捕獲する技術が発達する。この捕獲方法では，刺さった銛が鯨の体の中で火薬によって複数の杭が広がるようになったため，死ぬと海底に沈んでしまう油の少ない鯨も獲れるようになった。日本は，1900年頃から，拿捕したロシア，米国の捕鯨船からこの技術を得，独自に開発をしていくようになる。この技術が，鯨を絶滅危惧種へと追い詰めていくことになった。

　しかし，その後，石油が大量に供給されるようになると鯨油の必要価値が下がり，ナイロンなど高性能なプラスチックの開発で強い繊維として使われたひげの必要性もほとんどなくなった。タンパク源としても，陸上に存在する牛や豚が，牛舎，豚舎で穀物の飼料化，栄養剤と抗生物質等投与によって，これまでより極めて短時間で成長させられ，安定した大量供給（工業的生産）が可能になったため，鯨肉の必要性は低くなった。このため，日本をはじめ世界における商業捕鯨は衰退していく。わが国も今もイルカ（全長4m以下の鯨）の追い込み漁なども行われているが捕獲される量は限られている。

　狩猟や漁猟で捕獲される野生の生物は，食物連鎖を形成する生態系の中で生息しており特定の数以下になると絶滅し，生態系そのものの持続性が失わ

れてしまう。また，逆に特定の生物のみを保護しても，捕食される生物の減少などでやはり生態系は保たれなくなる。ここでは捕鯨を例にして議論したが，人類の科学技術が発展し，人口増加，活動の拡大，無駄の増加（廃棄物の増加：環境効率の低下）のため，世界的に生態系が危機的な状況になりつつある。海洋については，プラスチックゴミの急激な増加，地球温暖化による海の酸性化（二酸化炭素の海洋への溶解で炭酸が生成され海が酸性化する：海は通常アルカリ性［約pH8.1］である），河川からの汚染物の流入，または栄養塩の流入不足（山林の管理不足が原因の場合がある）など，さまざまな変化要因が複雑に影響し合っている。正確な科学データに基づき，冷静で客観的な検討が必要である。

## (2) 食料生産

### ① 食料のエコリュックサック

世界には様々な食文化があり，地域の地理的条件，気候条件などに従った農業が行われ，海や川では漁業が行われている。しかし，技術の進歩は，人類の季節感，地域の食文化を根本から変えつつある。スーパーマーケットに行けば，世界中から運ばれてきた様々な食材が溢れており，先進国のスーパーの品揃えは，徐々に統一されてきている。経済力が高まるとエコロジカルフットプリント（Ⅲ 2 参照）が大きい食肉の需要が高まり，肉類が好んで食されるようになる。

畜産業では，複数のビタミン剤，ホルモン剤，栄養補助食品（タンパク質，脂肪）が含有された穀物を食べて短期間で家畜を成長させ工業的に食肉を生産している。同じ種を多量に狭い場所で生育しているため，病原体の感染を防止するために多くの抗生物質も投与される。短期間で安定的に成長させるために大量の飼料が必要となり，穀物の生産も増加する。また，バイオ燃料（または，バイオプラスチック：生分解性材料）の需要の増加は，穀物を人の食料からさらに遠ざけている。バイオ燃料を作るための発酵の原料も農作

物である。

　しかし，経済力がない国では，国内の消費のためではなく輸出中心の換金作物の穀物生産が行われ，食糧難が発生している。また，安定した収穫，高い収穫量，付加価値の高い農作物を目指した農業は，農地に大量の肥料，除草剤が投入されるため，土壌の物質バランスを変えてしまっている。窒素分過多（硝酸性窒素汚染：有害物質）の土壌は，地下水汚染も問題となっている。農薬の大量使用は生態系を変化させる環境破壊を発生させる。他方，膨大なエネルギーを消費して実現するハウス栽培などは，自然に逆らって生産されている(注21)。これら農業は，環境負荷を代償にして得られたビジネスであり，中長期な視点では持続可能な事業は望めない。さらにエネルギーおよび物質資源の枯渇は，工業と同様に農業をも衰退させる可能性が高い。また，現在は，地産地消での食料供給はほとんどなく，ほとんどのものが国内および海外より，トラック，鉄道，船，あるいは飛行機で運ばれているためフードマイレージが大きく，燃料価格が食料価格に連動している。国際状況の悪化，化石燃料の可採可能量が減少するなどすると，食料価格は上昇する。いわゆる農業の近代化（または工業化）は，資源の大量消費に基づく経済成長の影響を強く受けているといえる。

　一方，日本の食料自給率（カロリーベース）は，約4割未満（2000〜2017年）となっている（飼料自給率は，2017年現在で26％である）。1965年には73％あったものが減少し続け，1987年に50％以下になってしまった。多くの国で同様の傾向がある。その結果，化学肥料と農薬に支えられた近代農業で大量生産された農作物が世界中を移動している。なお，カロリー（熱量）ベースの食料自給率（％）とは，「（1人1日当たりの供給される国産の食料熱量／1人1日当たりの国内総食料［輸入品を含んだ食料］が供給する熱量）×100」で表される。

② 食品のLCA
　世界展開する食品メーカーは，世界各地に農園を展開し，多くの先進国に

果物，加工食品など食品を供給している。食糧は，国家の政治的安定にも関係しているため，食品関連企業は政府の農業政策（食糧戦略）の強い影響を受け，エネルギー政策で価格が大きく変動することとなる。この動向は，一般公衆の生活に大きな影響を与える。途上国では，死活問題にまで及ぶ。

わが国の食料自給率を食品の種類別に見ると，米，鶏卵は90％以上の自給率があるのに対し，小麦は十数％，大豆など豆類は数％程度と極めて低い。エネルギー資源が枯渇に向かうと，わが国では特定の農作物の価格が急激に上昇することとなる。エネルギー価格の上昇を考えフードマイレージの大きい商品をそれぞれ点検し，農業政策について方針転換をしていくことが必要であろう。

農作物は，大気中の二酸化炭素と天然水を原料として光合成によって作られたものなので，自然に逆らわなければカーボンニュートラルである。移動エネルギーや生産エネルギーをなるべく小さくすることで，有力な環境戦略となりうるだろう。また，食品の自給率を考えると，長い目で見て植物工場も普及の可能性がある。地産地消で行えばフードマイレージが減少し，農作物が家庭に届くまでのカロリーが低下できることも考えられる。LCAの面から十分な検討を期待したい。また，品種改良によって農作物の生育効率を高めるなど試みもすでに行われている（図Ⅱ-9参照）。

他方，食べ残しなど余った食品は，急激に増加し処理困難な状況となり，生ゴミの減量化のために法律による強制的なリサイクルが行われている。廃家電製品や廃自動車，建設廃棄物と同様の環境保全対策が必要である。各食

**図Ⅱ-9　通常より3倍成長するサトウキビ**

沖縄県伊江島のサトウキビは，品種改良により通常のサトウキビの3倍に成長し，砂糖の収量を減らすことなくバイオエタノールの製造（発酵）が可能である。大きすぎて茎の部分が曲がってしまっている

品のLCAに基づいた生産計画，販売計画を立てることで無駄はかなり省けると考えられる。自動車や工場から排出される有害物質やエネルギー消費は，環境問題として注目されているにもかかわらず，われわれが毎日食している食品の環境負荷には意外と無関心になりがちである。食品が生産，販売，消費されるまでの工程を見直す必要があるだろう。

　無駄な生産の抑制や消費の管理が行われれば，食料自給率の向上，エネルギー消費，物質消費の削減が実現することが予想でき，自然の物質循環に近づけていくことが可能である。しかし，人類の生活そのものに関わることでもあり，これには業界団体や政府の支援，調整が不可欠といえよう。例えば，食品の衛生管理不足，あるいは過剰な品質管理（業界の慣習など）は再検討する必要がある。わが国としても明確な食料政策の方針，ビジョンおよび具体的対策が必要である。

③　食料生産の工業化

　1941年からロックフェラー財団が主導して，開発途上国における農業生産の収穫の効率化が図られている。この活動は「緑の革命」と呼ばれ，作物の品種改良や化学肥料，農薬などを利用した農業が世界中に普及し，農作物が大量に生産できるようになった。例えば，熱帯アジアでは，1960年代に，新品種であるミラクルライス（あるいはハイブリッド米）と呼ばれる高収米IR-8，IR-5などが開発され米の収穫が激増した。DDTをはじめ農薬および化学肥料によって農作物の生産量が急増した。高い栄養価を持つ飼料の供給は高品質な畜産物の供給も可能にしている。

　なお，ロックフェラー財団とは，ロックフェラー財閥が1913年に世界の福祉の増進を目的として設立した組織である。なお，米国の4大財閥には，ロックフェラー（石油など）のほか，メロン（金融など），モルガン（金融など），アスター（不動産など）がある。ロックフェラー財団は，現在も環境問題などの研究助成，教育・文化支援等を行っている。これら農薬，除草剤，肥料，種苗，飼料，農業機械は，国際展開する企業によって安定的に供

給されている。1970年代後半より当時の米国大統領ジェラルド.R.フォード（Gerald Rudolph Ford Jr.）が始めた食糧戦略（OPEC諸国の石油供給と同じように食糧供給の有無で国際間の圧力を生じさせる）が米国企業の追い風ともなった。

　緑の革命の結果，開発途上国の農家では，米国など先進国が持つ農業技術がなければ，現状が維持できなくなってしまった。毎年新品種の種，化学肥料，新規農薬（害虫は農薬に対する耐性が強まるため絶えず新規の農薬が開発されている）などを企業から購入し，大型農機具も備えなければならない。この近代農業の維持には，大きな費用が必要である。したがって，技術の向上により小作人は仕事を失い，世界各国でホームレスが増加し，農薬は環境中に散布されるため生態系を破壊し，食物連鎖によって多くの生物（または食物）に農薬による環境リスクを広げている。

　わが国では1971年に「農薬取締法」が一部改正され，DDT（dichlorodiphenyltrichloroethane）やBHC（benzene hexachloride）など農薬の使用を禁止した。その他の環境への影響としては，大量に農地にまかれた化学肥料が土壌の硝酸性窒素濃度を上げてしまい，地下水汚染などを発生させている。畜産における飼料の供給，生産，運搬も工業的に画一的に行われるため，病原体混入防止等品質管理の欠如は甚大な汚染を発生させるおそれがある。

　一方，漁業は，魚の数が減るほど商品価値が上がる。また，魚を無計画に採取すると，生態系が破壊される。最後の1匹は，最も経済的価値が高くなるため，血眼になって採取が行われてしまう。どんな魚も生存数がわずかになると高級魚になる。この対策として，養殖によって工業的に魚を供給することもさまざまに行われているが，植林や農業のように人による管理の歴史が浅く，成長の維持すなわち不自然な環境を保つための技術はまだ十分に安定していない。

　また，生物の成長自体を遺伝子レベルで管理する技術も開発，普及されつつある。遺伝子組換え技術は，遺伝子操作を用い病害虫に強いまたは除草剤耐性を持った遺伝子組換え農作物あるいは高品質の農作物を作り出し，既に

世界的に普及している。家畜にもこの技術を応用しようと研究開発されている。わが国をはじめ複数の国では、自然界にない遺伝子配列を持った生物が環境中で問題を発生させる可能性があることを懸念し、この技術を利用した生産物について個別に審査を行っている。

遺伝子組換え体の国際的な安全性を保つため「生物多様性条約（convention on biological diversity）」（1993年12月発効）に基づく「バイオセーフティに関するカルタヘナ議定書（Cartagena protocol on biosafety）」が2003年9月に発効している。この議定書では、人の健康に対する悪影響も考慮し、遺伝子組換え生物等の使用による生物多様性への悪影響を防止することを目的としており、トランスジェニック生物（transgenic organism：人為的に遺伝子を組み入れられ遺伝子情報が変化した生物）が引き起こす環境変化や遺伝子組換え食品の安全性なども含めて規制している。

わが国では、遺伝子組換え食品に関して「農林物資の規格化及び品質表示の適正化に関する法律」（加工食品の表示）および「食品衛生法」（遺伝子組換え食品の安全性審査）で規制している[注22]。さらに遺伝子の知的財産の面からも国際的な公平性が議論されている。今後は、遺伝子の利用に関した「遺伝資源へのアクセスと利益配分（ABS：Access and Benefit-Sharing）」の国際的枠組みに関する議論が、各国政府、企業にとって極めて重要なテーマとなっていくことが予想される。

④ ポジティブリスト

環境汚染防止は、有害性が判明したものについてモニタリングを行い、濃度や総量を規制するためのいわゆるネガティブリスト（規制するものについてリスト化）を作成する方法が一般的である。CAS（Chemical Abstracts Service）に登録されている化学物質の種類は、2019年3月24日現在に約1億4,853万物質を超えており、そのほとんどものについてSDS（Safety Data Sheet）の情報が整備されていない。なお、SDSは、化学的性質、物理的性質、毒性など、化学物質の性質について一覧表にしたシートのことであ

る。

　しかし農薬は，一般環境中に放出され，自然および人間に与える影響が大きいことから，国際的な規制の必要性が高まり，自然界に残留性があり，難分解性，生体高濃縮性，（国際間で）長距離移動性があるものについて，2001年5月にスウェーデンのストックホルムで「残留性有機汚染物質に関するストックホルム条約（通称，POPs［Persistent Organic Pollutants：残留性有機汚染物質）条約］）」が制定され，2004年5月に発効している。

　わが国では，難分解性，高蓄積性，長期毒性を有する化学物質については，「化学物質の審査及び製造等の規制に関する法律（以下，化審法とする）」で規制されており，第一種特定化学物質に指定されると，製造，輸入，販売，使用が禁止される。農薬取締法の規制でも化審法と同様に，安全性が確認されないものは製造，輸入，販売，使用ができない（2002年14年12月の法改正で製造・輸入・使用の規制が加わった）。具体的な毒性等のチェックは，①毒性試験，②動植物体内での農薬の分解経路と分解物の構造等の情報を把握，③環境影響試験，④農作物残留性試験の結果に基づき行われ，安全性が確認された農薬は当該取締法に登録されることとなる。したがって，人および生物全般，生態系への有害性等が把握され登録になったもののみ環境中へ散布されることとなり，環境汚染発生のリスクもある程度予測可能ということとなる。

　一方，食品に残留するものについては，ネガティブリストによる規制を行っていると，規制対象外の農薬等による飲食のリスクが依然存在したままとなってしまう。その対処として，2003年5月30日に公布された食品衛生法改正に伴う新たな規制として，食品に残留する農薬，飼料添加物および動物用医薬品のポジティブリスト（使用を認めるものについてリスト化）制度が導入され，2006年5月29日から施行されている。規制の対象となる食品は，加工食品を含むすべてで，基準が設定されていない農薬等が一定量を超えて残留する食品の販売等が原則禁止となった。これまでは，国内または輸入農作物に関して，残留基準が設定されていない無登録農薬が一定基準以上食品

に残留していることが判明しても規制できなかったが，ポジティブリスト制度によって法による規制の対象にできるようになった。当該規制以前の規制対象農薬等は283品目で，それ以外は規制対象となっていなかったが，799品目（法制定時）がポジティブリストに記載されたことで，それ以外も規制できるようになった。したがって，これまで農薬等による環境汚染または環境破壊のリスクが不明だったところについて，効果的に対処できるようになったと考えられる。今後，地球温暖化が悪化するに従い，農薬（殺虫剤等）の需要が拡大することも予想され，環境リスク面を考えたポジティブリストが作成されることが期待される。

⑤ コーデックス委員会

　消費者の健康の保護，食品の公正な貿易の確保等を目的として，1962年にWHO（World Health Organization：世界保健機構）およびFAO（Food and Agriculture Organization of the United Nations：国連食糧農業機関）によってコーデックス委員会（The Codex Commission）が設立されている。事務局は，イタリア・ローマのFAO本部に設置されている。この委員会では，国際食品規格（コーデックス規格）の作成等を行っており，下記の部会が運営されている。2004年以降年1回開催されている総会で基準，規格の最終採択が行われている（2010年2月現在）。

　ⅰ．一般問題部会

　　　食品添加物，汚染物質，食品表示等食品全般に横断的に適用できる規格基準，実施規範等の検討を行っており，一般原則部会，食品添加物部会，汚染物質部会，食品表示部会，残留農薬部会，食品輸出入検査・認証制度部会等10部会がある。

　ⅱ．個別食品部会

　　　個別品目の規格について検討を行っており，油脂部会，乳・乳製品部会，魚類・水産製品部会等11部会がある。

ⅲ．地域調整部会

　　地域的な食品の規格や管理等に関する問題の議論や提言等を行っており，アジア，アフリカ，欧州，北米・南西太平洋，ラテンアメリカ・カリブ，近東の6地域調整部会がある。

ⅳ．特別部会

　　期限を設けて特定議題を検討する部会で，日本がホスト国を務めたバイオテクノロジー応用食品特別部会は，第27回総会（2004年7月）で承認された委託事項の検討を終了し，第31回総会（2008年6月）において解散が決定された。

ⅴ．専門家会合（コーデックス委員会の部会ではなく，専門家が個人として参加）

　　a．食品添加物，汚染物質及び動物用医薬品：FAO/WHO合同食品添加物専門家委員会（JECFA）

　　b．農薬：FAO/WHO合同残留農薬専門家会合（JMPR）：

　　c．有害微生物：FAO/WHO微生物学的リスク評価専門家会合（JEMRA）

　　2018年3月現在の参加国は，188ヵ国，1加盟機関（EU）である。わが国は1966年より参加している。この委員会において検討される基準，規格等は，食品衛生法のポジティブリスト作成に利用されている。

(3) **有機農業**

① 有機農業の推進

　生物多様性基本法第19条第1項には「国は，生物の多様性に配慮した原材料の利用，エコツーリズム，有機農業その他の事業活動における生物の多様性に及ぼす影響を低減するための取組を促進するために必要な措置を講ずるものとする」と定めており，有機農業を促進することで生物多様性保全が図られるとしている。

有機農業の具体的な推進に関しては，2006年12月に「有機農業の推進に関する法律」（以下，「有機農業推進法」とする）が定められた。有機農業の定義（第2条）は「化学的に合成された肥料及び農薬を使用しないこと並びに遺伝子組換え技術を利用しないことを基本として，農業生産に由来する環境への負荷をできる限り低減した農業生産の方法を用いて行われる農業」とされている。また，「農林物資の規格化及び品質表示の適正化に関する法律」に基づき制定された「有機農産物の日本農林規格」でも有機農業を別途定義しており，第2条で有機農産物の生産について「(1)農業の自然循環機能の維持増進を図るため，化学的に合成された肥料及び農薬の使用を避けることを基本として，土壌の性質に由来する農地の生産力を発揮させるとともに，農業生産に由来する環境への負荷をできる限り低減した栽培管理方法を採用したほ場（畑）において生産すること。(2)採取場において，採取場の生態系の維持に支障を生じない方法により採取すること。」と定め，第4条に「ほ場又は採取場の生産の方法」が厳格に規制されている。

　有機農業の普及の追い風となっているのは，1999年7月に制定された「家畜排泄物の管理の適正化及び利用の促進に関する法律」および2000年5月に制定された「食品循環資源の再生利用等の促進に関する法律」によってマテリアルリサイクルされた再生資源（有機肥料）が，大量に製造されたことがあげられる。

② 各法の推進方法の相違

　各行政の対応はそれぞれの立場から有機農業を推進している。内閣府は，有機農業推進法に基づいて都道府県の活動をとりまとめ，包括的な支援を行っている。各地方事務所などが窓口となって対処している。具体的な支援事業（補助金支援）としては，全国の有機農業の普及を図るための「全国有機農業協議会」に補助を実施している。

　また，農林水産省では，1999年7月に制定された「持続性の高い農業生産方式の導入の促進に関する法律」（以下，「持続農業法」とする）に基づき，

別途「全国環境保全型農業推進会議」(事務局:全国農業協同組合中央会)を設置し,有機農業の推進を図っている。

都道府県では,持続農業法第4条に基づき,それぞれにエコファーマー導入指針を作成し,申請様式を定め(一部を除く)ている。この制度によって,「持続性の高い農業生産方式の導入に関する計画」(持続性の高い農業生産方式[土づくり,化学肥料・化学農薬の低減を一体的に行う生産方式]を導入する計画)を都道府県知事に提出して,当該導入計画が適当である旨の認定を受けた農業者は,エコファーマーとして都道府県から認定を受けることができる。2009年9月末現在の全国における認定件数は,191,846件(農業者数[実数:5年間の認定期間])であったが,2017年3月現在129,389件に減少した。

日本農林規格に基づく認定は,農産物そのものに対して登録しているが,エコファーマーは,農業従事者が認定を受けることから農作物の種類は限定されない。一方,日本農林規格では有機農作物認定となっており商品が限定される。また,高い農業技術が必要なため人材不足が問題となっている。

③ 有機農業の環境負荷

わが国では農業従事者が著しく減少しており,農業の衰退が問題となっている。この解決には,農業従事者の経営面での安定化が必要となっている。有機農業生産物の普及(有機農業推進)には,農業経営面の安定化が非常に重要である。農業技術について高度な対応を求め規制している日本農林規格は,経営的に困難さを増しており,現状では有機農業の普及には逆行する可能性が高い。農業経営面で安定化させるには,有機農作物をブランド化させることが必要であるが,消費者は,日本農林規格に基づくものを意識している可能性が高く,ハードルを下げた形で有機農作物をブランド化できるかは疑問である。

また,有機農作物をブランド化すると高額にできることはできるが,購買層が富裕層または安全のニーズを持った消費者に限られてきて,人口密度の

図Ⅱ-10 エコファーマーマーク（使用例）

出典：「持続性の高い農業生産方式の導入の促進に関する法律」に基づく「エコファーマーマーク使用基準」

図Ⅱ-11 日本農林規格認定の有機農作物JASマーク

出典：農林水産省「改正JAS法について（平成18年3月1日施行）」（2006年）

高い地域に出荷しなければならなくなる。したがって，フードマイレージが大きくなる。いわゆる地球温暖化対策とは逆行することとなる。さらに，ブランド化が進めば，季節を無視した需要があれば温室栽培を行う可能性もある。農作物にもカーボンフットプリントが示されると，有機農作物の二酸化炭素の排出量は多量となる。地産地消で近代農業を行っているほうがカーボンフットプリントは小さくなるだろう。企業の商品の1つで有機農産物を取り扱う場合，経営戦略上従来農産物の流通と変わらないため，地産地消と有機農産物栽培は分けて考える必要がある。すなわち，「有機農業」と「化学肥料及び農薬を使用する近代農業」のLCA分析を行い，双方のメリット，デメリットを確認したうえで再検討が必要であろう。

【注】
(注1) 正式名称は,ヴッパータール気候・環境・エネルギー研究所(Wuppertal Institute for Climate, Environment & Energy)といい,ドイツ・NRW(ノルトラインヴェストファーレン)州立の研究所である。
(注2) 最小中毒量として,TDLo(Toxic Dose Lowest)またはMTL(Minimum Toxic Level),も急性毒性として示される。
(注3) 紛争鉱物の輸入停止措置の監視方法として米国証券取引委員会(U.S. Securities and Exchange Commission:SEC)に報告書を提出する義務を定め確認を行ってる。関連企業やサプライチェーンも含めた材料入手先を把握することが必要となっている。情報を整備するには日本も含めた世界各国の企業が対応しなければならなくなっている。
(注4) OECDは,企業,労働組合,NGOと緊密に連携してこのガイダンスを作成している。このガイドラインはOECDの多国籍企業ガイドラインと,鉱物資源,農業,衣類と靴のサプライチェーンなどを含むさまざまな分野におけるOECDガイダンスに基づいている。アンヘル・グリア(Ángel Gurría)OECD事務総長は,「企業は,採算と企業活動が社会に及ぼす影響の双方を念頭に置いて事業を行う責任がある。このガイダンスは,政府と企業が協力して,より責任ある企業行動とサプライチェーン全体のデューディリジェンスを通じて,世界中でより包摂的かつ持続可能な成長を促進するための画期的な手段である。」と述べている。
(注5) そもそもは,金融で用いられた用語でM&A(merger and acquisition:合併と買収),プロジェクトファイナンスなどの投資で法務,財務,ビジネス,人事,環境といったさまざまな観点から調査し投資価値の判断する際に使われている。
(注6) 自社の資本を使って市場取引を行うことで市場の流動性を増す手法の1つである。
(注7) 現在,公共物の防腐剤として使用されているCCAには,クロム(Chromated),銅(Copper),ヒ素(Arsenate)などが使用されている。
(注8) 生産における原料採掘から廃棄・リサイクルにおいての製品の環境負荷を最小限にするためにEUで進められた環境政策であるIPP(Integrated Product Policy)に基づき制定された指令(directive)である。EU内に流通する電気電子機器製品に対して,①鉛,②水銀,③カドミウム,④六価クロム,⑤臭素系難燃剤2物質(PBB/ポリ臭化ビフェニル,PBDE/ポリ臭化ジフェニルエーテル)が配合されることを原則禁止している。

特別の事情がある製品については例外事由が承認されており,当該6物質については濃度基準を定められることが認められている。ただし,各国での国内法における行政規則には若干の違いがある。

規制対象となっている化学物質は,工業用として広く利用されているため,産業界への影響は大きかった。鉛は,銅と同じく西暦紀元前4000年頃から合金,化合物,金属として使用されており,スズとの合金は,電気・電子回路などに「はんだづけ」としてごく一般的に利用されていたため「鉛フリー」は,基礎技術の代替策として注目を集めた。鉛代替物質には,銀,銅,ビスマス,インジウムなどが化合されたものがある。

カドミウムは,以前はニッケルカドミウム電池に使用され,黄色(オレンジ色,赤色)の着色材料,または一般環境中で耐久性(特に耐水の耐食性)をもつ材料および原子炉の制御棒・炉体遮蔽材(中性子吸収面積が大きい)としても利用されている。
(注9) UNEP(国連環境計画)の2008年に発表された報告書"Technical Background Report to the Global Atmospheric Mercury Assessment"では,2005年に世界で水銀が3,798tが使用されている。小規模な金の採掘,塩化ビニルモノマー製造工程,塩素アルカリ工業での消費が半分以上であることが示されている。特に金の採掘における水銀の利用はずさんで,水俣病が世界各地で発生している。工業新興国などで工業用に重要な金属である「金(電気をもっともよく通す金属,鍍金としてもっ

とも安定な性質)」が大量に必要になり，高騰していることがその背景にある。2017年に発効した「水銀に関する水俣条約」は，「水銀及び水銀化合物の人為的な排出及び放出から人の健康及び環境を保護すること」(第一条) を目的としている。

(注10) 汚染原因分析の手法としては，操業可能性研究 (Operability Study：OS，あるいは「Hazard and Operability Study：HAZOP)，フォルトツリー分析 (Fault Tree Analysis：FTA)，イベントツリー分析 (Event Tree Analysis：ETA)，および故障モード影響分析 (Failure Mode and Effect：FMEA) が行われている。

(注11) 領海 (12海里) の外側に，領海の基線から200海里を超えない範囲内で設定が認められている。沿岸国は，EEZ (海底およびその地下も含む) において，天然資源 (生物も含む) の探査，開発，保存および管理等のための主権的権利を有し，人工島，施設および構築物の設置および利用，海洋環境の保護および保全，海洋の科学的調査等に関する管轄権を有することが定められている。(1海里は1.852km)

(注12) わが国は「南極地域の環境保護に関する法律 (南極環境保護法)」を1997年に制定している。

(注13) しかし，バイキングが進出したグリーンランドなど痩せた土地では，農耕が不可能になり，持続的な開発はできず撤退している。

(注14) ガレット・ハーディン (Garrett Hardin) が1968年にサイエンス誌 (1968年12月13日号，162巻，1243-1248頁) に掲載した論文「共有地の悲劇 (The Tragedy of the Commons)」で概念が紹介された。この論文では，共有地を複数人で利用する場合，秩序なく勝手に利用すると，すべてを消費し尽くし破綻してしまう悲劇を説明している。

(注15) 18世紀末以降の産業革命によって，蒸気機関をはじめ多くの技術が開発され莫大なエネルギーが必要となった。当時の先進各国の政策は，富国強兵政策が中心で，環境政策は考えられていなかった。かつての英国は，森林が国土の3分の2を占めていたが，2000年には10.7%まで低下してしまっている。近年では，集約型農業 (園芸農業など単位面積当たり大量の資本や労働力を投入する農業) による農薬や化学肥料 (窒素肥料等：硝酸性窒素汚染) の環境汚染によってさらに緑地が少なくなっている。

(注16) 現在も生産されている木炭の樹木種は，燃料用として，ナラ，クヌギ，カシ，コナラ，ウバメガシがあり，研磨用としてホオノキ，アブラギリがある。また，工業用として工業用木大をそのまま大窯で焼き，焼き上がったものを砕いて作られているものもある。一般燃料用木炭の生産地は，東北，四国，九州，工業用木炭は，北海道，青森県，茶の湯用木炭は，茨城県，栃木県，近畿地方がある。

(注17) 環境基本法第2条第3項より，人の健康又は生活環境に係る被害が生じ，事業活動その他の人の活動に伴って生ずる相当範囲にわたるもので，「(1)大気の汚染，(2)水質の汚濁，(3)土壌の汚染，(4)騒音，(5)振動，(6)地盤の沈下，(7)悪臭」と定義されている。

(注18) 国際捕鯨委員会 (IWC) は，1946年に設立され2018年12月現在89ヵ国が加盟している。

(注19) わが国以外にも韓国，ロシア，ノルウェー，アイスランド，デンマーク領グリーンランドなどの捕鯨国がある。密漁も多く問題となっている。

(注20) 日本の捕鯨の発祥地として知られており，太地浦が1606年に周辺住民で突き組を組織して突き取り法の捕鯨を行ったのが始まりとされている。1675年に網取り式の捕鯨を始めている。組織的鯨漁では，鯨組とよばれる極彩色の10隻ほどの勢子船を中心に，総勢30隻近い船団で行われている。江戸時代の浮世絵にも描かれている。(和歌山県太地町鯨博物館展示資料文書より抜粋)

(注21) 温泉など地熱を利用，太陽熱を効率的に利用など人工的に生み出されたエネルギーを使用していないものは除く。

(注22) 2019年よりわが国ではゲノム編集食品の市場流通が許可となり，遺伝子組換え食品と同様に

表示義務が課された。ゲノム編集は，自然界で起こる突然変異，品種改良と科学的に類似である。なお，ゲノムとは，細胞内の染色体の一組，あるいはDNA（Deoxyribonucleic acid：デオキシリボ核酸）の総称を意味する。

# 第Ⅲ部

# 汚染被害の対処

---

**概要**

　自然環境中にも人に有害な化学物質が存在しており，曝露し健康被害を生じることもある。地下から噴出するヒ素やイオウ，水銀およびラドン（気体の放射性物質）やウランなどの放射性物質が挙げられる。また，科学技術の進展により人工的にさまざまな化学物質が生成され続けているが，その有害性がはじめから明らかになっているとは限らず，過去に起きた公害事件のように，危険性に気づかずに環境中に放出されることで，しばしば環境汚染・健康被害の原因となっている。

　汚染の予防ができれば理想的であるが，現在の科学技術レベルでは極めて困難であり，被害が発生した汚染に対して再発防止策を講じているのが現状である。経済によって効率化された社会システムの中で，人間活動すべてを事前評価していくこともまだ社会的に十分な理解は得られていない。第Ⅲ部では，法令など，社会的秩序の整備に関した今後のあり方を考察する。

## 🗝 Keyword

有害物質，風評，イタイイタイ病，水俣病，四日市公害，環境コスト，沈黙の春，PRTR制度，環境基準，PSR，環境影響評価，PPP，カーボンフットプリント，ウォーターフットプリント，フードマイレージ，フィードインタリフ制度，RPS法，内部事象，外部事象，原子力規制委員会設置法，核融合

## Ⅲ.1　汚染発生源と対策

### (1)　環境施策の基礎

#### ①　未知な問題と汚染発生

　新しい技術が開発されると，人類に安定した便利な生活が提供され，経済が活性化される。逆に，金融をコントロールし，技術または研究の開発を進めることもある。しかし，新しい技術が生まれると，環境中における化学物質の挙動が変化し，新たな物質循環ができる。また，多くの新規の化学物質も生まれ，新たな環境破壊が発生または誘発するおそれがある。これまでの環境汚染の被害は，人が利用していた技術や化学物質の思わぬ性質が表れたことによって起こっている。中国や日本の古いお寺などに使用されている朱色塗料には硫化水銀が使用され，奈良東大寺の大仏の金メッキにもアマルガム（水銀化合物）が使用されていた。この水銀化合物は環境を汚染し，人々に知らぬ間に水銀中毒[注1]を発生させていた。鉱物の採掘や精製技術が進展したことにより，地中深くにあった化学物質が地上に放出され，環境中のバランスが崩れ始めている（第Ⅱ部2(2)参照）。

　汚染物質の有害性についての科学的知見が十分でないと，健康被害が発生しても，被害者の近隣の人たちは単純に，たたり，妖怪の呪いなど，神秘的な原因とみなしてしまう。汚染被害者は間違った理解のもとで風評などによりさんざんな状況に追い込まれてしまうこととなる。イタイイタイ病，水俣病，四日市ぜん息などよく知られている公害は，最初は同様の状態だった。放射性物質による環境汚染でも同様であるが，公害発生地域の住民はその出身地名を言うだけで偏見を持たれることがある。一般公衆で化学物質の有害性について熟知している人はほとんどいない。汚染物質のすべての性質を把

握してる専門家も存在しない。

　身近な有害物質の問題の例として鉛汚染があげられる。鉛は，顔料等で鮮やかな白色を示すため，昔から化粧の原料となっており，人体に直接塗るおしろいに使用されていたが，高い有害性に曝され病気が多発した。日本では，大正期におしろいによる中毒が明確となり，鉛入りおしろいの製造が禁止になっている。鉛またはその化合物は，中毒症状，中枢神経障害，鉛脳症を発症し，死に至ることもある。古代ローマ帝国では，食器や水道管などに鉛が使われていたため，多くの被害者が出ていたとされる。また，近年では，自動車のノッキング防止やオクタン価の改善のために，ガソリンに四エチル鉛や四メチル鉛などが添加されたアンチノック剤も販売されていたが，高い有害性があるため環境汚染防止を目的として日本をはじめ各国で使用が禁止されている。この他の用途として，自動車用など鉛蓄電池，鉛ガラス，顔料など，身近なさまざまなところにも使用されている。これら製品や製造工程から排出される鉛およびその化合物による健康被害を防止するために，国内法では大気汚染防止法（以下，大防法とする），水質汚濁防止法で排出基準が設けられ，EUではRoHS指令（第Ⅱ部，注8参照）による使用制限の対象にもなっている。しかし，鉛は比重が大きく，運動エネルギーを大きくできることから，銃の弾丸に今なお使われている。このため射撃場，自衛隊などの演習場などで散乱すると，浸出水などによる鉛による土壌や地下水汚染が懸念される。

　身の回りには数限りなく化学物質が存在しており，有害性を持つものも多い。環境中で他の物質と化学反応を起こし有害となるもの，鉱物を人為的に精製する際に有害物質を生成してしまうなど，公害発生のメカニズムはさまざまである。逆に，化合物の一成分で配合され安定なもの，燃焼など化学的に変化させなければ有害とならないものなどもある。鉱物の採取，精製，製品製造，リサイクル，廃棄物のいずれの段階でも環境汚染を生じる可能性はある。製品の使用，消費の段階で問題となるような製造物責任が問われる場合もある。他方，アスベスト汚染，有機溶剤など長期間を要して健康障害が

発生するものは，原因不明になる場合もあるため要注意である。既存公害においても汚染被害の原因特定は極めて困難であったことから，予防が最も望ましい対策である。

新たな技術を普及させる前には，メリットのみに注目するのではなく，デメリットも事前に評価する必要がある。特に経済的な利益にとらわれすぎないようにすべきである。具体的には，環境汚染に関して，何がわかっていて，何がわかっていないのかを整理し，技術導入後は現在の知見に基づき，状況のモニタリング，汚染が発生した場合の対処方法を検討しておく必要がある。何らかの汚染が発生した場合は，その原因を調査して明確にするべきである。汚染の要因（失敗）を分析・検討することで再発防止策が構築でき，持続可能な開発のレベルが向上することとなる（第Ⅱ部2(2)（注10）参照）。政府が関与している場合は，その責任を明確にして行政システム自体を改善しなければ同じことを繰り返すおそれがある。

② たたりとされた自然放出ガス——九尾の狐

栃木県那須湯本温泉は，630年頃から湯治の場として知られており，温泉街の近くに九尾の狐伝説の史跡もある。その伝説とは，「昔（約3500年前），中国やインドで悪行の限りを尽くし王朝を滅亡させた妖狐が平安時代日本に渡来し，玉藻という美女に姿を変え鳥羽院に仕え，帝（みかど）の命を奪い日本をわがものにしようとした。しかし，陰陽師阿部泰成に正体を見破られ，「白面金毛九尾狐」に姿を変え那須野が原に逃げ，この地でも悪行を尽くした。そこで朝廷は，三浦介，上総介および泰成と8万余の軍勢を向かわし，九尾の狐を追い詰めたが，巨大な毒石となって近づく人や動物に毒気を放つようになってしまった。室町時代になって名僧，泉渓寺の源翁和尚が大乗経をあげ，持っていた杖で一喝すると3つに割れ，その1つがこの地の殺生石（せっしょうせき）となった。」との言い伝えである。江戸時代には，歌舞伎の題材となった。

第Ⅲ部　汚染被害の対処

図Ⅲ-1　硫化水素が噴き出す九尾の狐伝説がある史跡「殺生石」

硫化水素が噴き出している辺りは，硫化水素の悪臭があり，草は生えていない。当該有毒ガスによって黄色に変色した石（イオウ化合物が付着）などがあり，生物が存在しない状態になっている。有害物質によって汚染された土地と同じである。

　温泉には，硫化水素泉（水1 kg中に水素イオンを1 mg以上含む）という種類のものがあり，腐敗した卵のような臭いがする気体の硫化水素（$H_2S$）が発生していることが多い。硫化水素（$H_2S$）は有害性が高く，急性毒性として刺激性，腐食性（眼・上気道，気管支，肺胞・肺水腫），窒息性（呼吸麻痺），臓器毒性（脳神経系）があり，近年でも温泉貯湯タンクでの作業中や工場作業などで死亡事故が発生している。昔は，有害性の原因は硫化水素であることがわからなかったため，未知の危険として妖怪伝説となったと考えられる。有害物質による汚染問題と類似している。この地を伝説の地とすることで，人が近づかないようにして有毒ガス被害予防の効果もあったのではないか思われる。

　米国のイエローストーン国立公園内には大きな間欠泉があり，イオウ（亜硫酸ガス）が吹き出している場所ではバイソンなどの大型動物が骨になっている姿をみることがある。日本でも温泉地近くにある地獄谷（地獄のような景観からこの名称となった）の周辺では草木が枯れ，まれに野生動物が息絶えている姿を見る。当然人にも非常に危ない。イオウ化合物は空気より重く，地表のくぼみにも溜まるため，物を拾おうとして酸欠となり倒れ，そのまま有害物質に曝されてしまうこともある。雪が積もったときなどのくぼみで同様の事故が起こることもあり，死に至った事例もある。

　妖怪伝説は有害物質被害防止対策にもなっている。有害物質は，人が経験から感じ取れないものが多く注意しなければならない。イオウ化合物のよう

にすぐに影響が出るものは対処しやすいが、長期間を要して被害が現れるものは慎重に対処するべきである。食品に含まれるものは、体内に摂取されるため特に注意すべきである。ただし、不確かあるいはでたらめな情報で却ってリスクを高めることがある。無責任なインターネット情報などは、安易に信じないほうが良い。

(2) 公害事件　企業・行政と一般公衆

① イタイイタイ病

　1965年に発行された『世界原色百科事典１』（小学館）では、イタイイタイ病に関して「一種の潜在性骨軟化症とみられる奇病で、富山県婦負郡と上新川郡の神通川河岸にある一定の地区に発生する。大正初期からあり、神通川上流の鉱山から流出する鉱毒によるという説もあるが、原因不明。四、五〇歳前後の主婦に多く、腰痛や関節痛ではじまり、数年以上たってから歩行障害をきたす。重傷になると、ちょっとしたことでも骨折し、疼痛のため身動き一つできなくなり、やがて栄養不足になって死亡する。」と記されており、当時未知な問題として取り扱われていたことを物語っている。その後、1968年に当時の厚生省（現 厚生労働省）によって、病気の主因は神通川上流、岐阜県神岡（現 飛騨市）高原川の三井金属鉱業神岡鉱業所（図３－４参照）から排出されたカドミウムであると発表され、公害病として正式に認定されている。

　また、被害者が損害賠償を求めた裁判では、疫学調査（病気の発症を統計的に調査研究）による証拠が認められた。カドミウムは、体内に蓄積されると健康被害として骨折を引き起こし、その激痛から患者が「いたい、いたい」と叫ぶことから、この悲惨な公害病の名称がつけられている。

　この公害は、汚染原因と健康被害についての因果関係を臨床医学の面から立証することが困難であったことおよび２県にまたがってため排出経路が複雑であったことから、疫学調査で原因特定の蓋然性を高めたことは合理的で

あったと考えられる。科学は進歩しているため，原因の特定，経路を測定・科学的分析によって証明できる可能性は高まっている。例えば，濃度分析はこの公害が発生したときの百万倍以上の精度で測定できるようになっている。

② 水俣病

　熊本水俣病は，1953年頃から発生が確認されており，地元では，よいよい病，つっこけ（つまずき）病などと呼ばれ，やはり奇病とされていた。健康障害は，水俣湾内の魚介類をよく食べていた沿岸の漁民に多く発症している。症状は，中枢神経が冒され，手足のしびれ，言語障害，視野狭窄，全身の感覚障害，聴力・味覚障害，歩行のふらつきが起こる。障害が重くなると，狂ったようにもだえ苦しみながら死んでしまう，または廃人になる。さらに，これら被害者は差別にあっていた。また，被害を受けていても，家族などに迷惑が生じることをおそれ泣き寝入りしてしまうこともあったといわれている。

　1956年に水俣保健所が，新日本窒素肥料（現　チッソ）水俣工場付属病院から異常な脳症状の患者4人についての報告を受け，水俣病が確認された。1959年に熊本大学医学部水俣病研究班が，当該工場から排水されたメチル水銀が魚介の体内に入り，それを多く食した者が発症する有機水銀説を発表し，1963年にメチル水銀の生成過程を明確にして同工場が発生源であることを証明している。それから5年も経過した後，1968年に排水が止められている。

　2009年7月に制定された「水俣病特別措置法」は，救済すべきこの公害病の患者を定めている。40年以上も経ってからの救済策は，あまりにも遅すぎる。公害が発生した海域で採取された魚介類は，行商によって広域に販売されていたため，被害者は非常に多数存在していることが推測される。イタイイタイ病と同様に，1968年に公害病として認められた。水俣病が社会的に問題となっているにもかかわらず，政府は再発防止策は行わず，1964年から新潟県阿賀野川下流沿岸にも同じ被害者が発生している。この被害は，阿賀野川上流に立地していた昭和電工鹿瀬工場から排水されたメチル水銀によるも

**図 Ⅲ-2** 新潟水俣病原因物質が排出された阿賀野川

新潟水俣病の原因物質であるメチル水銀が排出された新潟県阿賀野川である。被害者は，工場周辺ではなく，下流域住民である。加害企業は，倉庫から漏れ出た農薬が水俣病の原因であるとする説を主張した。

ので，新潟水俣病（第二水俣病）ともいわれる。昭和電工は，原因物質のメチル水銀は，農薬に含まれていた水銀が原因であると主張し，裁判では原告と激しく戦った。どちらの水俣病事件も，当時の著名な大企業が加害者で，原因の明確化と因果関係の証明に困難を要し，資金力，関連知見の少ない原告サイドは極めて不利な立場に立たされていたといえる。

このように妖怪の仕業とされた健康被害の原因が判明していくにつれ，安全を確保するために汚染物質のモニタリングが科学的に行われるようになり，直接規制が進展して，環境改善，汚染の再発防止が図られるようになった。しかし，汚染物質と判明すると，その物質を使用または排出している企業では，大きな環境コスト（社会的コスト）を強いられるため，当初は反発が大きかった。現在でも新たに汚染物質が判明すると，この傾向は存在している。最終的には，法政策による強制的な措置が必要になる場合が多い。自主的に汚染を回避するようになることが期待されるが，短期間で考えると経済性の追求と相反することから，汚染原因が明確化した時点で被害者の発生を最小限にするための政府による厳格な措置が必要である。

③ 四日市公害

三重県四日市市は，江戸時代より東海道，伊勢詣などで賑わった街で，港もあり貿易が盛んに行われていた。また，伊勢湾における漁業でも栄えていた。しかし，第二次世界大戦以前は，軍隊の製油所・石油備蓄場があったことから連合軍の攻撃の的となり，壊滅的な打撃を受け焼け野原になった。その後，その跡地が政府から石原産業（石原四日市石油工場）など民間企業に

払い下げられ、三菱モンサント、昭和シェル石油、三菱化成などがイラクなど中東地域から石油を輸入し、石油精製、化学品製造（プラスチック製造用モノマー生成）が行われた。1959年には石油化学コンビナートの操業が開始されている。電力需要の高まりから中部電力の石油火力発電所も建設され、復興が急速に進んだ。

　そして、経済成長期には政府の石油事業拡大政策のモデル石油事業に指定され、一大石油プラントを構築している。しかし、石油化学工場が操業を始めてからすぐに捕獲した魚が臭いことが問題となり、原因究明のための調査が行われている。その結果、石油化学工場から排水された石油由来の化学成分（メチルメルカプタン：玉葱が腐ったような臭気）を含んだ水が、火力発電所の復水器用冷却水として使われそのまま海水に排水されているためであることがわかったが、対策は何らなされなかった。このため風評被害は各地に広がり、漁民に大きな被害が発生した。周辺漁民は、1963年に中部電力火力発電所に強く抗議（磯津漁民一揆）したが、三重県と中部電力の要請で県警の機動隊が出動し鎮圧されている（暴動と見なされ刑法123条で取り締まられている）。これは、1958年に千葉県浦安の十條製紙（現 王子製紙）工場でおきた浦安漁民騒動に類似しているが、事態は解決の方向には進んでいない。ただし、悪質な海洋汚染に関しては海上保安庁が取り締まっている（当時はまだ、海洋汚染防止法が制定されていない）。

　その後、1960年代以降、大気に関しても、コンビナートから排出される排

図Ⅲ-3　現在の四日市工業地域

2019年7月現在、化学プラントは港に作られた広大な出島で操業しており、煙突からは水蒸気とみられる白煙が排出されている。四日市公害（四大公害事件として扱われるときは大気汚染のみが裁判となったため、「四日市ぜん息事件」とされる）を実際に知る住民は現在は少ないが、街の中心地に立地する四日市資料館で語り部、記録映像などで伝えられている。

気で周辺住民にぜん息が大量に発生し，死亡者および病気を苦にした自殺者まで発生させている。日本は1950年代に石炭化学から石油化学に転換しており，エネルギーも同様に転換している。当時，燃料用にはＣ重油（注2）が使われることが多く，イオウ分が高い排気が環境中に放出されたためSOxが大量に排出されたことが原因である。しかし，当時の日本には，ばい煙排気を除去する法令，技術はなかった。このため民法717条に基づき1967年に共同不法行為に対する損害賠償を求める訴訟を起こし，1972年まで5年間争い，原告勝訴となっている。

裁判では，行政は加害者である企業サイドを支援する様相が強く，原告が独自に測定しデータを収集し科学的根拠を積み上げることは困難であった。この状況に対処するために，疫学調査手法（統計学的手法）で相当因果関係を証明し，裁判でも証拠として認められている。また，判決を受けて環境汚染物質の排出量の総量を規制する手法が法令に導入され，「公害健康被害の補償等に関する法律」制定のきっかけになっている。環境政策への影響は大きい。

④ 工業化と環境汚染・破壊

わが国では，1880年頃から足尾鉱山周辺で鉱毒事件が発生している。飛躍的に高度化する技術は，自然破壊の速度を上げ，環境に大きな負荷を与えている。1960年代の公害（イタイイタイ病，水俣病［新潟，熊本］，四日市ぜん息）では，製品の製造段階で発生する排出物の有害性が問題となった。そして，再発防止のために環境法の規制（直接規制）が次々と制定され，有害物質を排出させない公害防止装置，設備およびモニタリング（環境分析など環境証明事業）の市場も拡大し，環境ビジネスが生まれている。

しかし，その後，製品そのものの有害性も問題になった。製造工程でPCB（polychlorinatedbiphenyl：ポリ塩化ビフェニル）の混入が問題となった食用油やアスベストが含有した建材などには製造物責任（Product Liability：PL）が問われた。また，各種製品に利用されるポリ塩化ビニル（Poly Vinyl

Chloride：PVC）は，焼却段階でダイオキシン類を発生させることが問題となった。しかし，いまだ化学物質の安全性（有害性または危険性）に関する知識は，情報整備が遅れているのが現状である。その結果，SDSなどを順次整備している企業と将来の環境コストに消極的な企業とに大きな格差が発生している。

　他方，身の回りの環境問題でさえ，原因と被害の因果関係が不明なものが数多くあるにもかかわらず，酸性雨（大気汚染：EU，米国・カナダ五大湖等）や有害廃棄物の越境移動（セベソ事故廃棄物の移動等），事故による汚染（インド・ボパール農薬工場有害物質放出，旧ソ連チェルノブイリ原子力発電所事故による放射能汚染）など，広域にわたる環境汚染もたびたび発生し始め，広い地域にわたって不特定多数の人が被害者になる事件も多くなってきている。何らかの被害が発生しても原因の特定はきわめて困難といえる。さらに，人類にとっては生存の危機にもなりかねない地球環境問題が表れている。新たな環境問題が表れると，通常利害関係が表面化し当事者間で激しく争われるが，地球環境問題では，それぞれの国や産業界，個人に至るまで利害関係が非常に複雑で，当事者は果てしなく多い。また，技術が高度化してくると，環境被害に関する科学的な解明が特に困難となってきている。法律による規制は，環境問題の原因と被害についてある程度高い蓋然性（可能性）を持った証明が必要となる。したがって，科学的根拠を持った部分のみが法令の対象となり，規制できる部分は限定的となる。被害とその原因が十分に証明できない汚染については，行政や技術を理解している産業界が策定するガイドラインに期待することとなる。

⑤　CSRによる公害対策

　わが国では，1901年に北九州に八幡製鉄所が建設されて以来，高炉による鉄の大量生産が始められた。大量のイオウ酸化物等排気（鉄鉱石を溶解，還元する際に燃焼されるコークス［筑豊炭田］に含まれるイオウなど）を放出し，1950年代には深刻な大気汚染を発生させている。大気汚染は日本の経済

高度成長とともに拡大した。

　周辺住民は工場に生活を依存している従業員等だったので，公害に苦しめられてもなかなか批判できない状況であった。健康被害として最も注意すべきものは，大気汚染物質によるアレルギー性のぜん息であったと予想される。その他，酸性雨による金属等建築物の腐食などの被害も発生していた。しかし，社会的に公害反対活動が困難な状況においても，周辺の市民団体等が辛抱強く環境改善を訴える活動を行っていたことが注目される。

　1969年5月8日に亜硫酸ガス濃度が高まったため，県の規制に基づいて，わが国で初めてスモッグ警報が発令され，これを機に行政（北九州市，福岡県）の監視体制（モニタリングシステム）が整備され，企業も集塵装置等大気汚染防止技術を導入している。これら対策により，1973年には，当時の公害対策基本法（現在は環境基本法に改正されている）に基づく環境基準をクリアできるまでに改善されている。

　他方，洞海湾も生物が生息できないほど水質が悪化していたたが，水質浄化装置等も積極的に導入され，海底にたまったヘドロの浚渫作業も進み，飛躍的に水質も向上している。明治以降全国で多くの工場，鉱山で起こった深刻な公害被害と比較し，当該地域での環境改善・再発防止活動は極めて先進的であり，その後の日本の環境保全活動に重要な影響を与えた

　現在の公害対策でも同様のモニタリング規制が行われ，原子力発電所の放射性物質排気管理でも行われている。北九州市の環境活動は，1990年に国連環境計画（UNEP）「グローバル500」を受賞，1992年国連環境と開発に関する会議（UNCED）では「国際連合地方自治体表彰」を受賞している。1997年には，政府の「エコタウン」事業の認定を受け，さまざまなリサイクル技術の開発を行い，リサイクル産業の拠点となりつつある。

　また，鉄資源政策上から銅のようなマテリアルリサイクルも重要であり，電気炉によって廃鉄（鉄屑）が大量に再生されている。銅と同様に国際的な鉄の価格に大きく影響されるが，マテリアルリサイクルの社会システムはほぼ構築されている。国際的に廃鉄（くず鉄）も多量に流通している。他方，

還元に利用されているコークス（炭素）も地球温暖化原因物質である二酸化炭素を大量に発生させているため，水素による還元も研究開発されている。

## (3) 環境負荷

### ① 環境負荷はコスト

　企業における環境保全活動は特別なことではなく，経営管理項目の1つになりつつある。環境管理に失敗すると，環境汚染による社会的コスト（Social Cost）が発生する。社会的費用とは，1950年にK.ウィリアム・カップ（K.William.Kapp）によって主張された概念で，社会的損失の中には，人間の健康の損傷，財産価値の破壊あるいは低下，自然資本全般（自然の富）の早期枯渇，または有形的ではない価値の損傷（社会的損失）として現れるものを意味する。公害防止設備・機器の設置は，直接利益を生まないため，無駄な出費と捉えられることがある。

　しかし，環境汚染によって健康被害や工作物への被害などを発生させ，不法行為が証明された場合は，損害賠償責任が成立し，環境コストを支出しなかったことによる大きな不利益が加害者である企業に発生する。環境会計の計算を行う場合，過去の公害事件における判決で示された損害賠償金が，環境コストを費やさなかったことで（公害防止対策を行わなかった場合）発生したと考えられる（または推定できる）汚染被害額として計上する例とすることもある。

　他方，省エネルギー整備の導入，省エネルギー活動は，燃料費，電気代などコストの削減が比較的明確に理解できる（見える化できる）ため，経営戦略の中に入れやすい。ただし，商品の環境性能を高めたことによる売り上げ増加は，数値として表すことが困難であることから，正確に環境会計上の算出をすることは困難である。したがって，経営者または経営サイドに環境戦略で利益を生み出すことを理解させるのは難しいだろう。一般消費者にとっても，環境負荷がどのように環境汚染または破壊しているのかを十分に理解

している者は少なく，漠然と環境保全を商品メリットにしても直接売上向上にはつながらない。この理由は，環境コストが発生，あるいは環境戦略による利益が生まれるためには，中長期を要しなければ効果が明確に現れないからである。例えば，中期的には燃焼によるNOxやSOxの排出で酸性雨が発生し建築物等に硫酸根（建物の黒ずみ）が現れるため，目視で気づいたときには大きな修繕コストが必要となる。さらに長期的には，地球温暖化による気候変動等の被害は不可逆的な自然の変化となるため，適応できなくなると人類そのものの生存が危うくなる。いくら莫大なコストをかけても原状回復することはない。

　一般公衆が理解することが困難な環境被害を防止する対策は，人類の多くが最も高い価値を抱いている経済的なメリットを得られるように，経済的な誘導を用いた環境対策も使われている。しかし，この対策は誘導されている者が原因と結果を理解しているわけではないため，容易に予想に反してしまうことがある。省エネルギー以外の経済的誘導政策は，慎重に計画する必要がある。

② 間違った科学の利用

　農薬散布のように開放系である環境に放出されると，これまで自然に存在しなかった反応性が強い人工物質が自然に拡散されることとなる。多くの生物を死滅させ，生態系を破壊させてしまうこともある。自然破壊あるいは人への強い有害性から法令で生産・使用が禁止になるものもあるが，湖沼，河川，海洋および土壌に堆積したままとなり，その後数十年も経過してから汚染が判明する事件も生じている。また，適正な量，散布頻度を超えて使用されると，害虫駆除以外に生態系に大きなダメージを与えてしまうことがある。化学肥料に関しても同じで，土壌に大量の人工化学物質が放出されることで環境の物質バランスが変化し，新たな環境汚染を発生させている。

　農薬や肥料は，現在の社会の維持には必要なものでもある。メリットの部分だけではなく，デメリットの部分も十分に検討を行い，適正に使用しなけ

ればならない。農薬の環境汚染問題を初めて世界に訴えた生物学者レイチェル・カーソン（Rachel Louise Carson）は，1962年に著書『沈黙の春』(Silent Spring)で，その環境リスクを警告している。この書籍でカーソンは，「化学薬品は，一面で人間生活にはかり知れぬ便益をもたらしたが，一面では，自然均衡のおそるべき破壊因子として作用する」と農薬の利益を踏まえたうえで，環境のバランスの変化が大きな被害を生ずることを懸念している。対して，農薬製造業界は一方的にカーソンの主張を攻撃している。そのような対応は，一般公衆に農薬が与える健康リスクに関する不安を却って高めたと思われる。当時の米国大統領ケネディは，当該書籍で問題が取り上げられたDDT（dichlorodiphenyltrichloroethane，$C_{14}H_9C_{15}$）に関して，政府による調査を実施した。その結果を踏まえて，米国では1963年にDDTの使用が全面的に禁止された。この判断を支持する世論が世界中に広がった。

　DDTは，スイスの化学者ポール・ミューラー（Paul Hermann Müller）によって，昆虫に神経毒性を示すことが発見された後，チフス，黄熱病，象皮病などの病原体を媒介する虫や農作物への害虫駆除に大きく貢献した殺虫剤である。以前，日本でも一般に使用される殺虫剤に利用されていた。特にマラリアの病原体駆除では，多くの人の命を救っていることも事実である。1980年代～2000年代にかけて，米国大統領レーガン，ブッシュ（親子）がDDTの使用禁止に関して強く批判している。POPs（Persistent Organic Pollutants）条約（残留性有機汚染物質に関するストックホルム条約）では，DDTはマラリア感染対策に限定して使用が許可されている。現状の農業では，農薬は，農作物の安定した収穫には不可欠である。ただし，害虫や病原体は，農薬には次第に耐性を持つため，常に有害性が高い農薬を開発していく必要がある。

　この後，1990年代後半から飲料容器などさまざまな化学品に含まれる環境ホルモン（environmental hormoneまたはendocrine disruptor：内分泌攪乱物質）の有害性についても，化学メーカーと環境保護団体等とが対立してる。環境ホルモンは，シーア・コルボーン，ダイアン・ダマノスキ，ピート・マ

イヤースによって1996年に発表された書籍である『奪われし未来』で，その環境リスクが提示された。この書籍は，生物学者であるシーア・コルボーンの7年にわたる内分泌攪乱物質の広範な研究に基づき，一般公衆向け内容で書かれたものである。出版当時の米国副大統領であるアル・ゴアは，序の部分で環境汚染物質の有害性について，一般公衆は「知る権利」と「学ぶ義務」を持っていることを述べている。すべての人は環境リスクについて「知る権利」を持っていることは当然である。科学的に真実を追究することは当然行われるべきことであり，一般公衆はその結果を正確に理解しなければならない。ただし，科学的な議論で100％を証明することは極めて難しい。環境ホルモンのように慢性的（長期間を経て被害が発生）な毒性と，健康障害との因果関係を立証することは非常に困難である。喫煙，アスベストによる肺がんなどと同様である。特に新しい技術によって生まれた化学物質や物理的現象が健康障害の原因となる場合は，情報が少なく，因果関係の解析は混迷を深める。しかし，過去の公害のように裁判で争われると，判決を出さなければならない。法廷では被告（加害者）と原告（被害者）が両極端な立場で科学的な証拠を示すこととなるが，原告が不利なことは明らかである。

　環境リスクの減少を考えるならば，被害のおそれがある側（問題提起する側）とリスクを持つ商品を生産する側の両者が，学ぶ義務を果たすべきであろう。ただし，科学技術が高度になると，一般公衆には理解が困難になってしまうため，まず開発段階での事前評価，生産段階での企業の事前対処，モニタリング，情報公開・説明責任が重要となる。1960年代に発生した公害においても，被害者と加害者が激しく争い，加害者の異常な証拠隠しも問題となった。このような行為は，裁判では却って企業側の不利な状況を作ってしまっている。製造物責任においても同様な傾向があったが，CSRの進展でこの意識は漸次変わり始めている。産業界による自主的な取り組みは不可欠である。しかし，すべての企業に浸透するには，環境法政策による社会システムを構築することが望まれる。環境問題による損失が明確になりつつあるため，金融面からの環境損害回避の対策が進みつつあり，資金調達面からのシ

ステムが国際的に取り組まれている。

③ 有害性がよくわからない物質

　被害が顕著に表れた汚染に関しては，汚染物質の挙動を監視することが法令によって義務づけられる。しかし，有害性が科学的にあまりよくわからない化学物質については，濃度規制や総量規制など直接規制を行うことが困難である。規制されていない化学物質については，環境保全にかかるコストを嫌い，性状情報さえ十分に整備しない企業さえ存在する。グリーン調達，環境設計において企業間格差が広がりつつあり，時間の経過とともにその優劣は致命的になっている。

　近年では，企業の自主的な化学物質排出物削減努力も社会的に要望されている。国際的に検討された重要な規制として，OECDが1997年2月に加盟国に導入を勧告したPRTR（Pollutant Release and Transfer Register：有害化学物質放出移動登録）制度がある。PRTR制度とは，有害性のある多種多様な化学物質が，どのような発生源から，どれくらい環境中に排出されたか，あるいは廃棄物に含まれて事業所の外に運び出されたかというデータを把握し，集計し，公表する仕組みである。わが国では，この制度は，「特定化学物質の環境への排出量の把握等及び管理の改善の促進に関する法律」（以下，化管法とする）として，1999年7月に公布されている。化管法では，事業所から排出または廃棄される汚染の可能性のある物質の種類と量について，企業から行政に自主的に情報提出を求め，行政がそのデータを管理・公表している。また，この法規制と並行して，化学工業界（化学メーカーや医薬品メーカーなど）で国際的に進められてきたレスポンシブルケア活動ならびに大気汚染防止法第18条21に定められた事業者の責務（有害大気汚染物質対策）[注3]でも，多くの化学物質の環境対策について自主的に進められている。

　PRTR制度では，これまでの汚染防止対策と異なり，表Ⅲ-1に示すメリットが期待できる。

　また，エンドオブパイプ対策である工場排出口での有害物質の濃度や排出

**表 Ⅲ-1　PRTR制度のメリット**

(1) 多くの物質を対象とすることができる。
　　（化学分析など環境計量は行わない。）
(2) 環境政策の進捗状況の指標となる。
　　（農業，交通などを原因とする環境汚染物質の統計データと統合し解析する。）
(3) 情報公開に基づいた環境保護誘導政策の基礎データとなる。
　　（産業界の有害物質削減目標を設定するなど。）
(4) 新たな汚染［または慢性的な影響］に対する情報源となる。
　　（潜在的な汚染対策，汚染予防の事前評価ができる。事後の原因究明にも機能する。）
　　（長時間を要して影響が現れる有害物質の慢性的影響について，遡及的に放出データを解析することで，原因究明または因果関係の証明ができる可能性がある。）

**表 Ⅲ-2　PRTR制度の仕組み**

(1)　個々の企業の放出・移動・廃棄データを公表
　　米国：ワースト企業やワースト地域を公表し，企業の自主的な汚染防止対策を促す。
　　TRI（Toxic Release Inventory）SYSTEM
　　類似；カナダ：NPRI（National Pollution Release Inventory）
(2)　各種環境政策の進捗状況の確認
　　オランダ：企業からの放出情報と農業・交通の放出データとを総合的に処理・評価し，環境政策全般の進捗状況を確認する。
　　IEI（Individual Emission Inventory System）
　　類似；ドイツ：Federal Immission Control Act - BImSchG
(3)　その他：既存モニタリング規制データとPRTR情報を複合
　　英国：IPC（Integrated Pollution Control）

量を調査する環境モニタリング規制では，社会システムの構築や測定装置などの整備に膨大な資金（投資）を要するのに対し，PRTR制度では，比較的安価にモニタリングシステムが整備できることから，まだ環境保全のための環境モニタリングシステムが作られていない国にとっては有効性が高い。PRTR制度の仕組みには，国際的には表Ⅲ-2に示す3種類に分類できるが，各国の汚染規制の歴史的な背景などで，本制度施行の目的は，それぞれの国によって考え方が若干異なる。

国際的に統一したシステムとなっていないため，複数の国に立地する企業では，計画的に対処することが望まれる。米国ではワースト企業が政府によって公開されるため，CSR面（ESG経営）での企業評価に直接かかわる。各国の環境状況と政府の政策的観点を考慮し，企業戦略を計画していかなければならない。本制度は，多くの化学物質の環境放出状況を記録できることが最大のメリットである。企業がインベントリー作成を自主的に対応することから，企業の環境保全に対する姿勢（環境責任）が問われることとなる。

わが国の化管法では，「第一種指定化学物質」と「第二種指定化学物質」に分けて指定されており，第一種指定化学物質等取扱事業者に対して，大気，水域環境への排出量と移動（廃棄物および下水道への排出）量について行政に届け出ることとなっている。

また，環境リスクを検討するには，PRTRによる量（曝露）の環境指標に加えて有害性の指標であるハザードの積を求めなければならない。わが国の化管法では，MSDS（SDS）情報提供のための規制として，第14条に「指定化学物質等取扱事業者は，指定化学物質等を他の事業者に対し譲渡し，又は提供するときは，その譲渡し，又は提供する時までに，その譲渡し，又は提供する相手方に対し，当該指定化学物質等の性状及び取扱いに関する情報を文書又は磁気ディスクの交付その他経済産業省令で定める方法により提供しなければならない。」と定めている。SDSデータは，企業の環境保全対策および製品開発において，基本的な情報として整備していくことが必要である。

米国のPRTR制度であるTRIでは，優先的に削減が望まれる17物質[注4]について，1988年のTRIレポートのデータを基準として1992年までに33％削減し，1995年までに50％削減を目標とする計画を，米国環境保護庁［U.S.Environmental Protection Agency］（以下，U.S.EPAとする）が企業に呼びかけ成功している。33/50プログラムには，1993年の段階で1,300社を超える企業の参加があり，個別企業の結果も冊子で公表されている。企業間格差が容易に示されるため，CSR評価の面でレベルの違いが明らかとなる可能性がある。CSR評価を重要な情報源としているSRI（Socially Responsible

Investment：社会的責任投資）へも大きな影響を与えると考えられる。前述のとおり科学技術は日々高度化しており，製造工程，使用済製品の処理処分などで新たな汚染の可能性が高まっている。他方，化学物質の検出技術も飛躍的に向上し，汚染と被害の因果関係，汚染経路，健康被害との関係などが科学的に解明される可能性も高まってる。企業の自主的な行動を行政が誘導する環境政策が必要になってきている。欧州では，産業界から新たな環境規制を提案することも1990年代から行われている。環境保全活動が事業の持続可能性に不可欠となっていることから，わが国の産業界も欧米の新たな法令，環境NGOによる情報公開に対処するだけではなく，新たな自主的環境システム自ら構築していくことが必要である。

④　環境基準——排出基準より厳しい政策目標

　政府は，環境基本法第16条に基づいて，大気の汚染，水質の汚濁，土壌の汚染および騒音に係る環境上の条件について，それぞれ人の健康を保護し，生活環境を保全するうえで維持されることが望ましい基準，いわゆる環境基準を定めている（第1項）。環境基準は，環境省告示として発表されている。基準値に関して罰則は定められておらず，過去の判例上「行政の努力義務」と見なされている。全国の環境基準点で環境測定が行われるが，基準値を満たしていない地点も多く，今後の環境政策の基礎資料ともなっている。

　環境基準は，工場等の排出口で測定するものではなく，一般生活上望ましい環境を定めているもので，排出基準に比べかなり厳しい数値が定められている。

　例えば，「水質汚濁に係る環境基準について」では，水質汚濁防止法（以下，「水濁法」とする）と同様に「人の健康の保護に関する環境基準」とは別に，別表2に「生活環境の保全に関する環境基準」として，「河川（湖沼を除く。），湖沼（天然湖沼及び貯水量が1,000万立方メートル以上であり，かつ，水の滞留時間が4日間以上である人工湖）」および「海域」の基準値が示されている。ただし，測定項目は，水域の「利用目的の適応性（水道，

水産，自然環境保全，工業用水，農業用水）」および「水生生物の生息状況の適応性」について示されている。

なお，地下水の水質に関しては，水濁法第14条では，地下に浸透する汚水等（法律で指定する有害物質を含むもの）の汚染状態を測定し，その結果を記録しておくことが義務づけられている。この基準値は，本法施行規則第9条の3別表に示されている。2007年4月20日の改正施行規則で示された基準値は，地下水の環境基準値（「地下水の水質汚濁に係る環境基準について」（平成9年3月13日別表1［人の健康の保護に関する環境基準］）とほぼ同様の非常に厳しい数値となっている。しかし，（近代）農業における化学肥料や畜産業からの排水によって発生する汚染が国際的に悪化している「亜硝酸性窒素および硝酸性窒素」は含まれていない。

なお，土壌汚染に関しては，2002年に既存の大気，水質，土壌関係の環境基準の一部を改正する形で，ダイオキシン類対策特別措置法第7条の規定に基づき，「ダイオキシン類による大気の汚染，水質の汚濁（水底の底質の汚染を含む。）及び土壌の汚染に係る環境基準」（改正：平成14年環境省告示第46号・平成21年環境省告示第11号）が制定されている。

**表Ⅲ-3　環境基準（環境基本法第16条第1項に基づく告示）の種類**

- 大気
  大気汚染に係る環境基準
- 騒音
  騒音に係る環境基準について
- 航空機騒音に係る環境基準について
- 新幹線鉄道騒音に係る環境基準について
- 水質
  水質汚濁に係る環境基準について
  地下水の水質汚濁に係る環境基準について
- 土壌
  土壌の汚染に係る環境基準について
- ダイオキシン類
  ダイオキシン類による大気の汚染，水質の汚濁（水底の底質の汚染を含む。）及び土壌の汚染に係る環境基準について

環境基本法16条に基づいた環境基準は，次のように分類され告示が公表されている（環境省ホームページより引用。http://www.env.go.jp/kijun/index.html（2019年4月））。

## (4) 直接的規制

### ① 強制力を持った規制

環境汚染の原因が解明された場合は，再発防止対策が法令によって細かく実施されている。工場等を設置する際の届け出が義務づけられ，汚染防止装置等基準に適合しなければ操業ができない。また，科学的な測定による各汚染物質の排出濃度基準が設定され，環境計量が義務づけられている。この規制方法は，直接規制という。排出口など汚染排出源において，各種測定方法により環境汚染状況をモニターしていることから，モニタリング規制とも呼ばれている。

法令に従った測定は，規程を満たし認可された機関で行われ，国家資格者（環境計量士，公害防止管理者など）によって確認される。環境汚染防止のための新たな市場が生まれ，環境ビジネスとして定着している。新たな環境保全に関した法規制が制定，施行されると，新たな環境ビジネスが発生する

**図Ⅲ-4　公害防止設備が必要とされる工場**
工場を新設する際には，環境汚染発生防止に関した多くの届け出が必要であり，許可されるにはさまざまな公害防止設備の設置が義務づけられている。排気・排水には，集じん機，酸・アルカリの中和，排水処理（活性汚泥，散水ろ床，塩素処理，樹脂，活性炭など），フィルターなど多くの設備，装置が法律に基づいて設置される。

可能性がある。しかし，企業活動にかかわる社会的コストが生じるため，規制される企業にとっては，見かけ上は経営にとってマイナス要因とされることがある。

　汚染防止対策コストは，汚染を発生させてしまった際の損害賠償，原状回復に費やすコストに比べると安価となることは示されているが，短期的な利益のみを追い続けるフリーライダーにとっては理解されることはない。「環境保全」という言葉自体，不快といっている者もいまだに存在していることは事実である。持続可能な経営を考え環境対策を進める企業にとっては，このような会社がサプライチェーンに存在すると苦労が簡単に水の泡となってしまう。自社の環境管理だけではなく，サプライチェーン管理または協力会社選択は今後極めて重要になってくるだろう。

　そもそも現在生産されている製品やサービスで，厳格なLCAに基づき環境負荷を極力防いでいるものはほとんどない。製造段階での地球温暖化原因物質の排出，含有されるすべての有害物質の処理・処分など明確なコストが生じるようになると，実際の値段は現在よりも高くなる。人類が使用している商品が自然循環できるようになるには，いまだ知見が非常に少なく，複数の潜在的な環境リスクがある。福島第一原子力発電所のように政府が安易に安全性を主張（環境リスクの過小評価）したため，取り返しのつかない被害を引き起こし，原状回復に膨大なコストを生じてしまった例もある。同様の事故が再発すれば，日本の経済が窮地に追い込まれるだろう。

　しかし，原子力発電所の稼働により，短期間の視点では，日本経済の発展に大きく寄与したことは間違いはない。特に電力が供給されていた都会の人々にとっては，豊富なモノとサービスに基づいた豊かな生活を得たことも事実である。さらに現在生きている人が体験したことがない津波対策のために，事前に1つの原子炉ごとに1千億円以上も投じることを電力の消費者である一般公衆や企業が理解したかは疑問である。対策費用を調達するために電気代が高騰するからである。いわゆる潜在的な環境リスク回避のために，いま以上の費用負担を了解するか不明である。数十年に一度起きる洪水を防

止するために，治水用ダムの建設が無駄と見なされたこともある。交通事故が起こってから付けられる信号機のようにトゥームストーン・セーフティー（tombstone safety）とも類似しているが，大規模施設の場合，生態系への影響の配慮を考えると，容易に答えは出せない。

② 規制の要件

　地球温暖化対策も同様で，現在生きている人が体験したことがない気候変動に対して，その対処に莫大な資金を投じることに反対する者は少なくない。まず，二酸化炭素など赤外線（熱）を吸収する化学物質の大気中での存在率増加を原因とすることを認めない。科学的に蓋然性が高いことが証明されていても，現実にはあり得ない100％の立証がない限り認めることはない。地球温暖化による気候変動により，農業などは耕作地を北上させているが，地球温暖化が起こっていること自体認めない者も存在する。実際に明白な被害が発生しない限り，具体的な法規制を制定することは困難である[注5]。海面上昇での被害を防止するために巨額を投じて建設しようとしていた堤防が，無駄と見なされ政府が取りやめたケースもある。したがって，強制力を持った規制は，かなり高い蓋然性を持たなければ施行することはできない。

　したがって，現在消費者が利用しているモノやサービスは，環境コストが支払われていない，いわゆるエコダンピングした値段で購入していることとなる。紛争地域で不法労働をさせられている者，国内外で経済格差から非常に安価または奴隷のように働かされている者も考慮すると，真実の値段はさらに高くなるだろう。格差で豊かさを得られている間は，裕福な生活は幻想のようなものである。しかし，LCAに基づいて強制力を持った法令を施行しても，米国のドッド・フランク法のようにトランプ大統領（2019年現在）が進めているアメリカファーストの考え方が主流となると次々と効力を失っていき，真実はさらに不明確となっていく。

　わが国の環境法令においても環境コストを支払う側の強い意向により，環境影響評価法や土壌汚染対策法のように何度も廃案となり，施行にこぎつけ

ても強制力がほとんどない規制となる場合がある。長期的視点で見れば，「外国からの圧力での対処，現場で社会的コストが表面化し，現実的な経済的デメリット回避から業界規制が先行，法令より法律に従わなければならない条例のほうが厳格」であったりと社会的な矛盾が発生している。日本の環境政策の矛盾点でもある。

　社会的コストを内部化するだけでもコンセンサスが得られない現状から考え，直接規制だけで環境保全を進めるには限界がある。長い目で見てまだ含まれていない環境コストをはじめとする社会的コストが製品コストに少しずつ含まれていくことにより，今後は製品価格が上昇していくだろう。さらに資源不足がこの傾向を高めていく。環境コストは企業の製品開発の重要な経営戦略項目である。環境破壊，急激な資源不足，格差の拡大による不安定なガバナンスを考えるとGDPがいつまでも成長していくことは現実的に不可能である。政府は，環境（自然），社会，経済に関しバランスを持って政策を進めていく必要がある。

③　モニタリングの進展

　1950～1960年代に公害が社会問題となった際，環境汚染の原因物質を検出する分析方法が積極的に開発された。規制に伴って普及していったため，モニタリング規制といわれている。直接規制の代表的な規制方法で，わが国では厳しく取り締まられており，多くの行政，企業で専門家が養成され，対処が進んでいる。この規制で整備された有害物質の環境放出量に関する情報収集システムは，最も基本的で，現在ではオーソドックスなものである。

　ただし，この情報を解析するには，化学，物理などの非常に高い専門的な知識が必要であり，一般公衆が容易に理解し評価することはできない。企業が環境情報の説明責任として公開している企業環境レポート（またはCSRレポート）の記載を見ても，情報の記載方法に苦慮しているのが現状である。この対処として，当該記載情報の詳細は付属資料，別冊にするなどとしているところもある。

この企業環境レポートの基本的な情報は，環境法令の排出に係る規制に従って収集されたものとなっていることが多い。すなわち，環境への負荷の指標として，排出および環境基準値の遵守のクリアがまず第一歩の目標となっている。この汚染防止のための情報は，「水汚染は水質汚濁防止法，大気汚染は大気汚染防止法，悪臭は悪臭防止法，騒音は騒音規制法，振動は振動規制法」が定められ，汚染された「土壌の検出，改善に関しては土壌汚染対策法」が制定されている。これらの法令では，この他行政に対して施設設置に関した数多くの届け出事項を定めているが，規制対象物質が増えるとその作業も増加する。

　したがって，規制物質の取扱いを減少させれば，環境対策に係るコスト削減が可能となる。例えば，制定法で届け出など詳細に定められているドイツ（大陸法(注6)）の大規模な化学工場では，年間2,000以上の種類の届け出が必要となっている。ただし，国によって規制される化学物質は異なっている。これら規制物質は，個々の国で科学的背景を持って定められたものであるため，いずれの国においても潜在的リスクが確認されたものである。したがって，特定の国で法令規制対象外の化学物質であったとしても，潜在的に持つ環境リスクは回避されたわけではない。国際的に統一した有害物質リストを作成することが望まれる。前述のPRTR制度で多くの規制物質をリスト化することは重要と考えられるが，国によって異なっているため合理性に欠けている。

　この問題に対処するために，化学物質の性状情報，いわゆるSDSを整備し，労働環境，一般環境（地域環境，地球環境）へのリスク対策が進められることとなる。しかし，SDS情報の公表情報が不足しており，十分な対処が期待できない場合がある。企業で独自にSDS情報を整備するには，新たに調査コスト（環境コスト）が必要となる。また，リスクを極力回避するには，性状がわからない化学物質は完全シール（密封）をしなければならなくなる。有害性，危険性が極めて高い物質でも，性状がわかっていればリスク管理を行うことで取り扱いが可能となるため，将来戦略をよく考えて使用物質を選択

することが必要となる。化学物質の性状情報は普遍的な情報であることから国際的な取り組みでデータベースを作り，世界各国から誰もがアクセスできるようになれば，ハザード情報が整備されることとなる。科学的に根拠を持った正確なデータが整備されることで，無意味なうわさなど風評は抑制できる可能性がある。ただし，一般公衆などに「知る義務」を浸透させなければならない。PRTR情報（曝露情報）を考慮することでリスク分析も向上する。

EU（European Union：欧州連合）では，2007年に全面施行したRoHS指令によってEU域内で有害性の高い6物質を原則使用禁止とし，また同年には企業に対して化学物質の性状の情報を整備させるREACH（Registration, Evaluation and Authorization of Chemicals）規制を施行した。どちらも世界的に注目された厳しい規制である。欧州は，そもそも化学物質に関して学術データをはじめ多くの情報を整備しており，環境保全に関しても早くから積極的に取り組んでいる。米国も，TSCA（Toxic Substances Control Act：化学物質の有害性情報の整備および生産・使用禁止などを定めている），スーパーファンド法（Comprehensive Environment Response, Compensation and Liability Act of 1980：CERCLA，およびSuperfund Amendments and Reauthorization Act of 1986：SARA）[注7]などに基づいて，合理的に有害物質対策を行っている。スーパーファンド法は，有害廃棄物を不法投棄し問題となったラブカナル事件がきっかけとなり，土壌汚染地の改善と予防についての一般公衆からの強い要望により制定された法律である。

わが国の企業も，欧米に進出しているところは非常に高いレベルの有害物質管理が要求されている。世界には，有害物質対策を経営戦略に取り入れている企業はすでに数多く存在し，高いポテンシャルを持っていると考えられる。この戦略は，長いスパンを持って，ロードマップを作成したうえで計画的に進められているもので，短時間で効果を示すようなものではない。なお，OECDでも1992年から「高生産量化学物質点検プログラム」を実施しているが，進捗が極めて遅くあまり期待されていない[注8]。

④　REACH規制──製品中の有害性を把握

　2007年8月に施行したEU規制で，制定当初すでにリスク評価が遅れている約30,000種類の既存物質（すでに市場で流通しているもの）について，安全性の事前調査を企業に義務づけた。この調査はこれまで行政によって行われてきたものだが，これからは企業の負担，いわゆる社会的コストとして費やされることになる（社会的コストの内部化）。

　規制内容は次のようになっている。①規定で定める量の化学物質を製造・輸入する者に化学品安全性評価書（CSR）の作成を義務づけ，②新規化学物質と既存化学物質を同一の枠組みで規制し，すでに市場に供給されている既存化学物質についても新規化学物質と同様に登録を義務づけ（規定で定める量の化学物質を製造，輸入する者が対象），③既存化学物質に登録義務を課すことに伴い，既存化学物質について従来政府が担ってきたリスク評価の実施を産業界に移行，など厳しい内容となっている。REACH規制による情報が整備されれば長期間を要すると考えられるが，化学物質の安全対策にとって非常に有効な情報が整備されることとなる。

　なお，欧州は，1992年2月に署名され1993年11月に発効したマーストリヒ

**表 Ⅲ-4　EUの法体系概要**

①　規則（Regulation）
　　EU加盟各国に直接適用され，各国の国内法に優先する拘束力を持つ。すなわち，EU規則は，新たな国内立法は必要とせず加盟国の国内法となる。
②　指令（Directive）
　　実施するための形式および手段の権限は各国の国内機関に委ねられるもので，各国の国内法に置き換えられ効力を発揮するものである。したがって，各国は国内法や行政規則などを指令に沿って改正する必要がある。各国の裁量の余地は，目的によってその範囲が異なる。
③　決定（Decision）
　　特定の（個別またはすべての）加盟国や企業，私人（国家，公共ではない私的な立場から見た個人）を対象とした義務を定めたものである。
④　勧告，意見（Recommendation, Opinion）
　　法的拘束力を有しないが，理事会の意見表明とされる。

ト条約（欧州連合条約）以後，欧州連合（European Union；以下EUとする）の設立によって政治，経済の統合が図られている。その結果，EUで統一した環境法が整備され始めているが，規則，指令，決定，勧告および意見で施行の方法が異なる。その内容は，表Ⅲ-4に示すとおりである。

　上記の規則，指令，決定は，根拠となる理由が制定時に添付され，欧州連合官報（EU Official Journal）によって公表される。また，その他規制される内容および目的によっては，宣言（Declaration），決議（Resolution），覚書（Memorandum）などもある。

## (5) 経済的誘導規制

### ① 経済発展と経済的格差

　1950～1960年代の経済成長に伴い企業活動が拡大すると，環境への配慮が不足したことから「環境への負荷」が急激に増加する。世界各地にさまざまな環境問題が発生し，国際的に解決策を議論するために1972年に国連人間環境会議（United Nations Conference on the Human Environment：UNCHE）がスウェーデンのストックホルムで開かれた。この会議では，資源を提供する国と資源を消費する国の立場の違いで，環境問題に関する意識が全く異なることが表面化した。現人類は，GDPの成長が最も主要な目的となってしまっているため，産業を支える資源を所有している国または知的財産を持っている国が富裕国となっている。

　このため地下資源，海底資源確保のため領土，領海権をめぐって軍事的な衝突をも生じている。また，知的財産は，権利侵害が安易に行われるケースも多々発生している。生物多様性の保全に関しても，医薬品，農作物など遺伝子情報の著作権，あるいは産業財産権の所有または占有について国際的（先進国間，先進国と途上国間）に激しい議論の的となっている。「生物多様性条約」における「遺伝資源へのアクセスと利益配分（ABS：Access and Benefit-Sharing）」が，組換え体の野外放出による環境リスクや遺伝子保全

よりも経済的な利益に主眼におかれているような状況でもある。

各国における環境問題の取り組みには格差がある。その大きな要因は経済発展の状況の違いが大きく影響している。環境保全に関する国際会議での途上国と先進国の対立（以前は南北対立ともいわれた），先進国間の対立（以前は東西対立，その後，大陸法と英米法体系の違い［欧州と米国等の対立］），近年の工業新興国および途上国と先進国の対立など，経済的発展とその障害の両面から環境保護を複雑に捉えている。少なくとも過去から形成されてきた国際的な経済格差によって，恩恵を授かる者と不利益を被る者が環境保護に関して明確に乖離していることは確かである。

開発途上国にはさまざまな業種で，多くの欧米諸国をはじめとする先進国の企業が進出したが，国内での経済格差が大きいことから購買層が限られ生産物の販売先（提供先）は，開発途上国の富裕層または先進諸国への輸出となっている。したがって，開発途上国で生産されたモノまたは資源は，開発途上国では消費されていない場合が多い。さらに，これらモノや資源を生産したり運び出したりするためのダムや道路，港など開発によって自然破壊が広がり，自然の恵みが失われている。いわゆる自然資本が喪失している。さらに生態系の破壊によって特定の種（媒体）が増加し，ウイルスなどの人への感染の機会を高め伝染病の拡大を引き起こしている。

途上国は先進国の融資によって開発され，インフラストラクチャーが整備されたが，莫大な負債を抱えたことで貧困が進んだ。国内には，致命的な貧富の格差が発生し，公共の福祉が低下し，食料不足（飢饉），衛生上の悪化などが起き，さらに紛争も発生している。一般公衆にとっては，平穏無事な生活を手に入れることと身近な環境保全が切実な問題となっている。また，開発途上国の中でも後発開発途上国では，国内に立地する先進国企業がその国の経済を支えていることもあり，政府への影響力も強い。複雑な社会構造が，解決すべき視点を不明確にしている。

他方，工業新興国が先進国へ工業製品を輸出する際に，その安価な製品に対してエコダンピングが問題となった。エコダンピングとは，1960年代米国

の対日貿易が大きな赤字となったときに当時の米国大統領のニクソンが，日本は「環境対策をしない不正に安価な商品を輸出してきている」として作られた言葉である。2000年以降は，BRICS諸国の工業および農業生産に関しても環境汚染が問題になっている。特に地球環境破壊に関しては，フリーライダーとなる可能性がある。また，製品に含有する有害物質が消費者に対して被害を及ぼす製造物責任問題も世界各国で発生している。近年では，先進諸国の企業は，開発途上国をはじめ複数の国で生産を行うことが一般的となっているため，いずれかの国の協力会社で汚染が発生しても，発注元企業の個別の問題となる。原料採掘から製品製造・組み立てのすべての段階でサプライチェーン（あるいはバリューチェーン）管理が必要となっている。

② 市場の誘導

環境汚染が複雑で多様化したため，すべての問題に直接規制で対処することが困難となっている。前述のとおり，現在の製品のコストは十分に環境コストを含んでおらず，その社会的コストを内部化することについて社会的コンセンサスはなかなか得られないのが現実である。環境コストを費やし環境負荷を極力減らした真実の値段の商品は，汚染対策をしない安価なものに対して価格競争力はない。環境保全を理由に製品コストを上昇させると価格差が生じ，世界のあちこちでエコダンピングが発生することが予想できる。環境対策を行わない商品の増加は，特定地域での被害を起こし，長期的には人類生存の持続可能性が失われる。しかし，この被害は短期または中期的に人類全体に同様に生じるものではなく，地域によって格差があるため，国際的なコンセンサスを得て対策を行うことは難しい。

地球温暖化原因物質の排出，廃棄物の発生などは悪化の一途をたどっている。被害を受けた者の多くは対策への意義を理解することができるが，具体的被害を実感していない者の協力を得ることは困難である。このような場合，不特定多数の者を対象とした経済的メリットまたはデメリットにより環境活動を誘導する政策規制（または法政策）が有効である。経済活動は社会シス

テムの中での有機的な活動であるため，計画的に運営できれば大きな成果が期待できる。ただし，人々に環境保全活動に理解を得て行われるものではないため，社会状況をよく分析しないと効果が得られなくなる可能性もある。すでに複数の国で実施されている具体的な例には，次のものがあげられる。

ⅰ．炭素税，環境税

　　地球温暖化原因物質，環境負荷物質，環境負荷行動などに税を課し，価格を高くすることにより規制対象物質の市場での利用量を削減する。さらに，税で得た収益を関連対策や対策のための助成金等に当てることもある（目的税）。

ⅱ．課徴金，賦課金

　　有害物質の使用，廃棄物などに課徴金等を課し，代替策，代替物質などの利用を誘導する。課徴金などで得られた収益は，被害者救済，汚染防止対策費などに当てられる。以前に有鉛ガソリンへの課徴金で大幅な使用削減に成功している。

ⅲ．排出権（量）売買制度

　　酸性雨原因物質，地球温暖化原因物質などを環境に排出する個別事業所に対し法律規制（または条例）に基づいた排出権（量）を与え，その排出量以内での操業のみが許される。排出量に応じた規模の事業に縮小するか技術開発などにより排出量を少なくしなければならない。排出権（量）を超えて操業したい場合は，他の事業者などから排出権（量）を購入することとなる。

　　対象地域の規制物質の排出が削減されている場合は，排出権（量）価格は安価となり，環境中への排出が増加している場合は高額となる可能性が高い。したがって，経済的誘導により環境中の汚染物質の合理的な削減が期待できる。地球温暖化原因物質の排出削減に関しては，EU内排出権取引市場としてETS（The EU Emissions Trading Scheme）が2005年1月に創設されている。国内排出権（量）取引制度も英国UK ETS（United Kingdom Emissions Trading Scheme：英

国排出量取引制度) などで設けられている。

iv. デポジット (信託) 制度

市場に販売された商品のリユース, マテリアルリサイクルなどを行う際に, 大きなコストがかかる部分である回収・収集を経済的な誘導を利用して行う制度である。商品販売時にあらかじめ一定の金額を上乗せし, 消費者が容器等を返却した際に返却するシステムである。世界で先駆けて行ったデンマークでは, 飲料水容器の回収時に非常によい効果を示している。わが国では法制度ではないが, 民間企業 (業界) が自主的に行っているビール瓶の回収システムが機能している。

v. 助成金制度

環境政策上必要な対策を実施する際に, 特定の企業, 業界等に政府などが助成金を支援する制度である。対策は, 技術開発費, 汚染防止装置・機器の導入費, 教育訓練費など多岐にわたる。環境税等目的税によって得られた収益が用いられることもある。フロン類 (CFCs) の代替策・代替品の開発及び導入, コージェネレーション技術の導入をはじめ省エネルギー技術の導入および開発などが行われている。この他スマートシティ, コンパクトシティの推進など都市開発でも多くの助成金が試みられている。

vi. グリーン購入制度

環境製品は, 新たな製造ラインが必要となることから一般に従来製品より高価となることが多い。その対処として「国等による環境物品等の調達の推進等に関する法律」(通称, グリーン購入法) によって, 政府機関 (独立行政法人等の公的機関を含む) にマテリアルリサイクル等商品「特定調達品目」を率先して購入することを促し, 大量生産を促し, 製品コストを安価に抑えることにより一般市場での環境商品の競争力を持たせている。民間企業も, グリーン調達・購入をCSR活動の一環として取り組んでいるところがある。

vii. フィードインタリフ（Feed-in Tariff：FIT）制度

再生可能エネルギー（太陽光や風力など）の導入・普及を目的とした政策手法で，欧州を中心に複数の国で実施され成功している。この制度では，自然エネルギーで生産された電気を電力会社が固定価格で長期間買い取りをすることで，自然エネルギーの価格を量産効果によって低下させることを期待している。しかし，電力会社が高価格の電気を買い取ることから，電気代が上昇しているのが現実である。普及までの長期間を見据えたLCC（Life Cycle Costing）の検討もさらに行う必要がある。買電価格が変動することによって誘導効果が大きく異なる。

viii. スマートグリッド

電力供給について停電などを極力防ぎ信頼性が高く，効率的な送電を行うための賢い（smart）総配電網（grid）のことをいう。IT技術およびネットワーク技術を駆使して個々の家庭の電力消費状況をスマートメーターで管理し，関連のインフラストラクチャー整備などを行う[注9]。

わが国の企業では，環境技術の開発や導入の際に，助成金制度が利用されることが非常に多い。しかし，助成金は，技術・装置等の普及の段階に入ると，市場から十分に資金が得られると見なされ打ち切られることがある。太陽光発電装置の家庭への導入に関しては，普及が進んだことから助成金は段階的に減少され，その後打ち切られたが，他国の普及策が活発となりわが国メーカーの国際的な競争力が弱まった。この対処として，2009年に施行された「エネルギー供給事業者による非化石エネルギー源の利用及び化石エネルギー原料の有効な利用の促進に関する法律」（エネルギー供給構造高度化法）によって太陽光発電のみを対象とした（高額）固定価格長期間買い取り制度（FIT制度）が始まっている。経済的な誘導策は，国際的な動向や景気等に大きく影響される。

また，排出権（量）取引などは，汚染する権利を売買していることになる

と非難も多く，慎重に対応する必要がある。また，直接規制においては，環境を汚染するような違法な行為をする際に，罰金と儲けを比較するといった短絡的な判断を行う企業も世界各国に発生しており，現状把握と取締り方法（規制）を適宜検討していかなければならない。

一方，信託金（デポジット）についても，わずかな返却金が不必要な人は回収に非協力となる。また消費者が便利な使い捨て商品の購入を優先すると，デポジット制度は有効に機能しなくなる。政策的に容器等の回収と再生を図るには，ドイツから欧州に拡大しているデュアルシステムが有効だろう。デュアルシステム（二元システム）とは，自治体による包装材を除く廃棄物の回収と包装材のリサイクルのための回収が並行して行われることから，この呼び名となっている。このシステムでは，製造業者および販売者は，製品が消費された後の包装材を独自に回収・リサイクルを行う義務を負っており，第三者（機関）へ回収・リサイクルを委託することも可能となっている。実際には，この第三者（機関）は，民間企業であるDSD社（デュアルシステムドイチェランド社）がほとんどの回収を実施している。なお，医療廃棄物に関しては他社が行っている。再生は，DSD社と契約をしている企業が行っている。またDSD社と契約した容器包装材を使用している企業は，製品の出荷時にグリーンポイント（ドイツ語では，グリューネプンクト）マークを付けることが許可され，この包装材は，市街地に特別に設置されたマテリア

**図Ⅲ-5** グリーンポイントマーク

包装廃棄物をリサイクルするドイツで始まったデュアルシステムは，ドイツ国内だけの活動では非効率な部分があるため，1996年にEU域内でグリーンポイントマークが申請できる「PRO EUROPE」を設立し規模が拡大している。現在では，オーストリア（アルトシュトフ・リサイクリング・オーストリア），フランス（エコアンバラージュ），ベルギー（フォスト・プラス），スペイン（エコアンバラヘス・エスパーニャ）などの機関と連携している。

ルリサイクル用ゴミ箱で回収されることとなる。

わが国の「容器包装に係る分別収集及び再商品化の促進等に関する法律」（通称，容器包装リサイクル法，または容リ法）もこのシステムを参考にしている。ただし，民間主導ではなく，政府所管の機関がイニシアティブをとって行っていることおよび容器包装の回収を自治体で一元化し実施していることが大きく異なっている。一般公衆にマテリアルリサイクルをするものについて分別を誘導しているものではなく，環境意識に頼っているところが大きい。マテリアルリサイクルの開発，再生品の販売は入札で選定された企業[注10]で行われ，回収・分別は地方自治体で実施と総合的な政策とはなっていない。一般公衆への啓発は，直接顧客に販売を行っているスーパーマーケットなど流通業が行い，再生業者は市場の動向（変動）に大きく影響されるため安定した事業が難しい。

第Ⅲ部　汚染被害の対処

## Ⅲ.2　環境媒体ごとの規制

### (1)　排出基準

#### ①　水質

　「水質汚濁防止法」（以下，「水濁法」とする）では，リスクが高い「人の健康に係る被害を生ずるおそれがある物質」と，比較的リスクが低い「生活環境に係る被害を生ずるおそれがある程度のもの」に分類して規制している。物質のハザード（有害性や危険性）に大きな開きがあるため，合理的な規制方法である。この他，水質に関しては，「地下水の浸透」，「水道水」に関する規制が重要である。排出基準は，濃度または総量規制がある。なお，瀬戸内海など閉鎖系水域では，総量規制は行われているが経済的誘導を用いた排出権（量）取引は行われていない。

　水濁法の規制対象の中で，「人の健康に係る被害を生ずるおそれがある物質」に関しては，一般公衆にとってはなじみがない名称が列記されており，「許容限度」といわれてもその数値にどのような意味があるのか，また現実にどのくらいの量であるのかを理解することは非常に難しい。したがって，行政の管理に頼るところが大きい。

　また，「生活環境に係る被害を生ずるおそれがある程度のもの」の許容限度に関しては，生活に密着している環境状態の指標となるものである。例えば，生物化学的酸素要求量（BOD）や化学的酸素要求量（COD）が高くなると富栄養化が悪化し，赤潮など視覚でも水質の悪化が確認することができる。嫌気性の状態となると悪臭なども発生させる。この状態を定量的に確認するための分析は比較的簡易な方法となっている（2割程度の誤差が生じる）。酸性雨の状況などを知るための水素イオン濃度の分析は，一般公衆で

も測定可能であり，小学校などの環境教育（理科）でも行われる。

他方，水濁法における排出水の排出規制に関しては，全国的なものであるが，法第3条第3項から第4項では，各地域（都道府県）の特性に応じて法規定の許容濃度より厳しい「上乗せ基準」を定めることができることが規定されている。さらに，規制物質以外の物質も各地域（都道府県）の特性に応じて規制対象とできる「横出し規制」も水濁法第29条で規定している。なお，「上乗せ規制」，「横出し規制」に関しては，「大気汚染防止法」，「振動規制法」，「騒音規制法」でも同様に定められている(注11)。

② 大気

大気への汚染は，大気中に三次元に拡散されることから，大量に有害物質が排出されると広域に被害を及ぼす。1970年代より欧州や米国では，工場，自動車等から排気されたイオウ酸化物，窒素酸化物等によって発生した酸性雨（または霧，雪）が，広い地域にわたって森林や建造物を腐食した。

欧州ではその対処として，「長距離越境大気汚染条約」（国連欧州経済委員会［United Nations Economic Commission for Europe：UNECE]）が1979年に採択され，1983年に発効している。その後イオウ酸化物の対策を取り上げた「イオウ排出または越境移流の最低30％削減に関する1979年長距離越境大気汚染条約議定書（通称 ヘルシンキ議定書）」（当初21ヵ国署名：国連欧州経済委員会に所属する国）を1985年に採択，1987年に発効した。窒素酸化物の対策を取り上げた「窒素酸化物排出または越境移流の抑制に関する1979年長距離越境大気汚染条約議定書（通称 ソフィア議定書）」（当初25ヵ国署名）を1988年に採択，1991年に発効している。米国およびカナダでは，五大湖周辺にある米国の工業地帯から排出された酸化物によって酸性雨被害が深刻となったため，1980年に米国で「酸性雨降下物法」が制定されている。

また，2.5μm以下の微小粒子状物質（Particulate Matter）をPM2.5といい，わが国では当該物質を対象として2009年に新たな環境基準（「微小粒子状物質による大気の汚染に係る環境基準について」［平成21年9月9日環境省告

示第33号］）が定められている。基準値は，「1年平均値が15μg/㎥以下，かつ，1日平均値が35μg/㎥以下」と定められている。PM2.5による健康被害としては，呼吸等で肺に吸引されると奥深くまで呼吸器に入り込み沈着し，循環器系へ悪影響を生じることが懸念されている。当該物質は，英国をはじめ欧州で1950年以前から環境汚染が問題になっていたものである。わが国のPM2.5汚染のほとんどは，中国などで大量に燃焼される石炭，石油などのばい煙が偏西風によって運ばれ日本に降下しているものである。直接発生源対策（防止）はできないため，被害対策を進める必要がある。

　わが国では，1960年代以降四日市，川崎，北九州などで大気汚染が問題となり，酸性雨等による被害のほか，ばい煙によるぜん息などアレルギー被害も深刻となった。当初は地域の問題として条例で規制されたが，その後「大気汚染防止法」（以下，大防法とする）によって全国的に厳しい直接規制が実施された。集じん機など米国から導入されたものもあったが，わが国独自の技術も多数開発され，欧州などへも輸出されている。深刻な大気汚染の再発防止のために開発された技術は，数多くの業界で積極的に導入され，その後わが国の大気環境はかなり改善されていく。

　大防法の規制では，大きく分類して次の3つの施設について定めている。

① 汚染物質（ばい煙，揮発性有機化合物及び粉じん）の排出等がある設備・施設（工場及び事業場における事業活動並びに建築物等の解体等）の規模・能力に応じた規制
② 有害大気汚染物質対策の推進
③ 自動車排ガスに係る許容限度等の規制

　また，悪臭も大気を汚染する現象で，濃度の低い有害物質の大気への拡散として捉えることもできるが，別途，「悪臭防止法」で規制されている。
　一方，揮発性有機化合物は大防法で「大気中に排出され，又は飛散した時に気体である有機化合物」と定められており，施設の種類と規模ごとに排出

に関する許容限度が環境省令で定められている(大防法第2条第4項,大防法施行規則第17条の3)。

　有機溶剤は,作業現場において労働災害も発生させており,労働安全衛生法の特別法である「有機溶剤中毒予防規則」で規制されている。シックハウス症候群など室内環境汚染の原因物質としても注目されており,新建材に含まれる微量のホルムアルデヒド(Very Volatile Organic Compounds／VVOC)や揮発性有機物質(Volatile Organic Compounds;VOC／キシレン,トルエンなど)による複合毒性と考えられている。いわゆる室内環境汚染原因物質である。健康被害における症状は,頭痛,めまい,物忘れ,臭気異常等のアレルギー性疾患が認められている。汚染が深刻となり,シックハウス対策のために「建築基準法」が改正された(2002年7月公布,施行)。なお,ベンゼンおよびトリクロロエチレンなどは,環境基準(「ベンゼン等による大気の汚染に係る環境基準について」[平成9年2月4日　環境省告示4,改正;平成13年4月20日　環境省告示30])にも定められている。トリクロロエチレンおよびテトラクロロエチレンは,1980年代に半導体製造や金属部品洗浄,クリーニングで大量に使われ,水質汚染でも問題になったものである。揮発性が高いことから,生産工程および排出された後の環境中でも大気汚染防止の必要性が高まった。ジクロロメタン[注12]は,それら溶剤の代替品として普及したが,この化学物質も有害性が高く当該規制の対象となっている。

　粉じんは,「物の破砕,選別その他の機械的処理又はたい積に伴い発生し,又は飛散する物質」(大防法第2条第8項)と定められている。石綿その他の人の健康に係る被害を生ずるおそれがある物質(政令で定めるもの)に関しては,別途規制されている。石綿の空中に飛散する存在量について,敷地の境界において環境省令で定める測定方法を用い,10本以内であることが定められている(大防法第18条の12,大防法施行規則第16条の2)。1995年には,労働安全衛生法施行令の改正の際に石綿の種類の中で「アモサイト」および「クロシドライト」の製造,輸入,譲渡,提供または使用が禁止され,

2004年10月1日には，アモサイト，クロシドライト以外の石綿についても，指定する製品（住宅屋根用化粧スレート，クラッチライニング，ブレーキパッドなど）を対象に，製造，輸入，譲渡，提供または使用が禁止された。

2005年2月には，労働安全衛生法の特別法である特定化学物質等障害予防規則より分離された「石綿障害予防規則」が制定され，同年7月に施行された。これら労働法の規制によって，石綿の使用が大幅に減少している。建築物の解体作業等で発生した石綿については「廃棄物の処理及び清掃に関する法律」の対象となっており，「廃石綿等」として特別管理産業廃棄物の扱いとなっている（「廃棄物の処理及び清掃に関する法律」施行令第2条の4第1項第5号）。石綿汚染は，すでに多くの被害者を発生させているが，慢性毒性であるため，いまだ症状が現れていない者や石綿による障害と自覚できない者が数多く潜在的に存在していると思われ，今後も注目すべき環境汚染である。石綿による健康被害の迅速な救済（石綿による健康被害を受けた者およびその遺族に対し，医療費等を支給するための措置）を図ることを目的として，「石綿による健康被害の救済に関する法律」も2006年に公布され，2008年4月に施行されている。

大気環境中で総酸化性物質が生成され，人体などに被害を与える現象である光化学スモッグも深刻な公害問題である。この現象は，工場や自動車等から大気中に放出された窒素酸化物（Nitrogen Oxide；NOx）や炭化水素類（Hydrocarbons；HC）が，太陽光（紫外線）を受けて光化学反応を起こすことによって生じている。生成される総酸化性物質は，オゾン（ozone：地上近くに存在するもの），過酸化物（peroxide），ペルオキシアセチルニトラート（peroxyacetyl nitrate；PAN）などが原因物質で，一般的にオキシダント（oxidant；酸化剤／強い酸化物質）と呼ばれている。大気中に塊状となって滞留しているオキシダントは，特にオキシダント雲（oxidant cloud）といわれる。オキシダントは，生体へ刺激性（眼やのどなど粘膜）があり，植物に対しても悪影響を与える。

わが国では，オキシダントの人の健康を保護するうえで維持することが望

ましい基準として,「大気汚染に係る環境基準について」(環境省告示)で,1時間値0.06ppm以下であることと定められている。この環境基準を超え,気象状況から考えて汚染状況が継続されると認められるときには,光化学スモッグ注意報(大防法第23条第1項に基づく)が発表される。また,地域によって深刻なオキシダント被害が予想される地域には,地方自治体によっては要綱などが制定され,警報が発せられるところもある。オキシダント濃度は光化学スモッグの環境指標として用いられている。オゾン層の破壊により地上に到達する紫外線は増加しており,近年当該被害が問題視されている現状に適応するために,新たな対策が必要になってきている。

③ 自動車排ガス

「自動車排出ガス」は,大防法施行令第4条(大防法第2条第14項の政令)で5つの物質(①一酸化炭素,②炭化水素,③鉛化合物,④窒素酸化物,⑤粒子状物質)が規制対象となっている。

しかし,ディーゼルエンジンを持つトラックやバスなどから排出される浮遊粒子物質(PM)および窒素化合物による大気汚染(光化学スモッグ,酸性雨など)は,自動車の急激な台数の増加に伴い悪化し,環境基準を上回る地域が多発したため,「自動車から排出される窒素酸化物及び粒子状物質の特定地域における総量の削減等に関する特別措置法」(以下NOx・PM法とする)が2001年6月に公布された。NOx・PM法は,窒素酸化物対策地域・粒子状物質対策地域(同一地域となっている)を指定して規制を行い[注13],排出基準をクリアできない車種は,指定地域内では使用できないといった車種規制も行われた。段階的に規制が強化されたことから,環境基準点(自動車排出ガス測定局)における二酸化窒素濃度環境基準達成状況も段階的に改善が確認され,規制の効果が明確に現れている。関連の地方公共団体も独自に条例を制定し,さらに厳しく規制している。

モータリゼーションが急激に進んだ米国では,世界に先駆けて自動車排ガス対策に取り組んでいる。1970年に上院議員マスキー(Muskie, Edmund

Sixtus）により自動車排ガスを厳しく抑制する法律が提案され，「マスキー法（Muskie Act）」と呼ばれ世界的に注目された。議会に提出された内容は，1975年以降に製造する自動車の排気ガス中の一酸化炭素（CO），炭化水素（HC）の排出量を1970-1971年型の1/10以下に，1976年以降に製造する自動車の排気ガス中の窒素酸化物（NOx）の排出量を1970-1971年型の1/10以下にするというものである。オイルショック（1973年，1979年）の影響などもあり，実質的な効力を持つまで期間（〜1980年）を要したが米国の自動車排ガス規制は成果をあげた。この厳しい規制制定の結果，高い排ガス処理技術をいち早く開発したわが国の自動車メーカーは，米国での販売を拡大するビジネスチャンスを得ている。

　近年は大気汚染防止対策として，燃料電池自動車（走行時は汚染物質がほとんど放出されない：発電とモーターの回転），天然ガス車（排気ガスに汚染物質が比較的少ない：化石燃料を利用したエンジンを回転），電気自動車（走行時は汚染物質がほとんど放出されない：発電所から供給された電気を電池に貯蔵し，モーターを回転），ハイブリッド車（排気ガスが少ない：化石燃料を利用したエンジンと発電を行い，電気の利用時は電気自動車と同じ）などの普及が世界各国で図られている。排ガス対象は，有害物質だけでなく，二酸化炭素をはじめとする地球温暖化原因物質まで拡大し，開発，普及が複雑となっている。環境対策対象は自動車生産，燃料の製造方法，廃車のリサイクル・廃棄など処理・処分まで含むことが必要となってきている。自動車メーカーおよびその関連企業は，LCM（Life Cycle Management）まで考えた環境戦略（あるいは経営戦略）が必要となってきている。したがって，エコカーといわれる曖昧な概念は変化しつつある。

　環境法政策においても同様であり，自動車排ガスの発生源対策のみ考えても環境問題解決にはならないことが判明してきている。環境政策を策定する際には，広い視点で長期的な計画が必要となってきている。自動車は多くの産業に深く関わってるためエネルギー政策，資源政策などとの関連も深く，慎重に調整を図っていくことも不可欠である。なお，人工的な製造物は，

LCAを考慮すると何らかの環境負荷が必ず生じる。定性的な機能を踏まえ，状況および定量的な比較検討を行い，最も環境負荷が少なくなる手法を見いだす必要がある。

(2) 廃棄物

① 資源から廃棄物への変化

　資源を採取し，人間が加工したものは，最終的にはすべてが廃棄物になる。製品の時間的変化を考えると，資源が採取された後，移動，生産，貯蔵，販売の過程を経て，商品としてわずかな時間のみ利用，消費された後，廃棄物となり永遠の眠りにつく。また，生産工程等からも不要な物質である廃棄物が莫大に発生する。廃棄物の形態も固形物だけでなく，気体または液体もあり，時間の経過とともに変化する場合もある。わが国の廃棄物の排出は，一般公衆から排出される廃棄物が年間約4～5千万t（一般廃棄物），産業用が約4億t（産業廃棄物）もある。減量するため，有機物の固体廃棄物の多くは中間処理として燃焼され，二酸化炭素と水に変換される。この処理で廃棄物の多くが視界から消えることとなる。しかし，地球温暖化原因物質は増加させている。

　資源を輸入し，製品を輸出する加工貿易（加工輸出）を中心とするわが国では，経済発展と並行して，国内にストックされていく廃棄物が増加していくことは必然的である。生産工程から排出される産業廃棄物は，国内にあふれかえっていくこととなる。他方，輸入先である資源採取国での環境破壊も深刻となっており，鉱物資源の掘削時の環境汚染や森林資源の乱伐による自然（生態系破壊）破壊などが多くの国で問題となっている。

　また，エネルギーは人類に莫大なサービスを与え，豊かな生活を実現しているが，気づかないうちに多くの廃棄物を排出している。化石燃料は，大気中に大量の二酸化炭素を排出し，イオウ分が多い質の悪い石油や石炭からは，ソックス（$SO_x$）も多量に発生する。莫大に発生している廃棄物は地球環境

の物質バランスをわずかずつ変えている。この他，原子力発電所から排出される核廃棄物や風力発電や太陽光発電など寿命が尽きた後の廃棄設備・機器処理・処分も問題となる。再生可能エネルギーはエネルギー密度が低く，分散型エネルギーであることから設備・装置が広く散らばって大量に存在している。効率的な回収，処理・処分が重要となる。

② 処理・処分

わが国では，廃棄物の処理・処分に関しては，「廃棄物の処理及び清掃に関する法律（以下，廃掃法とする）」およびその特別法によって規制されている。その対象は，「ごみ，粗大ごみ，燃え殻，汚泥，ふん尿，廃油，廃酸，廃アルカリ，動物の死体その他の汚物又は不要物であって，固形状又は液状のもの（放射性物質及びこれによつて汚染された物を除く。）」（廃掃法第１条）と定められている。産業廃棄物以外は，一般廃棄物と分類されている。産業廃棄物は排出する事業者が処理処分することが義務づけられており，一般廃棄物の処理は，市町村が計画を立てて実行することが定められている。

一般的に廃棄物処理は収益を生まないため，不法投棄が絶えないのが現実である。産業廃棄物（企業），一般廃棄物（一般公衆）ともに同じである。法で定めている処理の優先度が高いマテリアルリサイクルは，新たな技術およびシステムを構築しなければならないためコストが大きくなる。また，法を遵守した適正処分にも多くのコストを要する。違法とわかっていても利益あるいは商品の価格競争力をあげるために，廃棄物の不法投棄（社会的コストを支払わない行為）を行う。廃掃法においては，会社のためにと不法投棄をした者も会社（法人）も罰則の適用を受ける両罰規制であるため，双方が刑罰の対象となる。

また，商品の安価な販売（競争力）のみに注目し，設計時に耐久性やリサイクル性（資源循環性）を考慮しない場合は廃棄物を増加させる。処理処分に対して法令で有料化を定めると，フリーライダーによる不法投棄を誘導してしまう。一般公衆を対象とした家電リサイクル，自動車リサイクルおよび

**図Ⅲ-6 地方自治体による廃棄物持込反対の標識**

行楽地や大都市周辺の地方公共団体には，多くの廃棄物が持ち込まれ，苦慮しているところが多い。幹線道路でしばしばこの写真のような標識を見かける。花火大会やハロウィンなどのイベントでも，多くの一般廃棄物が無雑作に捨てられている。コモンズの崩壊である。

　家庭ゴミの有料化などでは，全国各地で違法に投棄される廃棄物が増加した。特に条例によって特定の地域のみが規制が厳しくなると，その周辺地域に不法投棄が増加する問題が起こり，地方公共機関間での調整も必要である。家庭ゴミの有料化，たばこの吸い殻やゴミのポイ捨てに関しては，全国一律で規制を行う必要があり，法律の制定が望まれる。

　地方自治体が廃棄物の減量化のためにゴミ収集頻度を減らしたり，公共の地域での喫煙場所を限定したりすると，一般公衆からは不満の声がしばしば聞かれる。税金を払っているのに，なぜ自分へのサービスを減らされるのか理解できない者が多いのは現実である。適正な廃棄物処理・処分コストは，いまだ十分に理解されていない。道路など公共の場で，たばこの吸い殻や空き缶，廃ペットボトルを見つけるのは容易である。厳しく取り締まると必ずその裏をかこうとする者が発生し，却って反発を招く。理想的には，「割れ窓理論」のようにちょっとしたゴミのポイ捨てから止めていけば，不法投棄は減少していくと思われるが，簡単に社会的慣習にはならない。

　他方，廃棄物の中でも有害な化学物質を含むものは，環境リスクを非常に高めるため，社会的に注目を集める。廃掃法では，「一般廃棄物，産業廃棄物のうち，爆発性，毒性，感染性その他の人の健康又は生活環境に係る被害を生ずるおそれがある性状を有するもの」を，それぞれ「特別管理一般廃棄物」（法第2条第3項），「特別管理産業廃棄物」（法第2条第5項）として，特別に厳しい管理が義務づけられている。また，極めて有害性が高いダイオキシン類については，「ダイオキシン類対策特別措置法」（以下，「ダイオキ

シン類特措法」とする）が1999年7月に制定され、2000年1月から施行されている。この法律で対象としている「ダイオキシン類」は、①ポリ塩化ジベンゾフラン、②ポリ塩化ジベンゾ―パラ―ジオキシン、③コプラナーポリ塩化ビフェニルとされている。規制対象となる工場または事業場に設置される施設は、「製鋼の用に供する電気炉、廃棄物焼却炉その他の施設であって、ダイオキシン類を発生し及び大気中に排出し、又はこれを含む汚水若しくは廃液を排出する施設（「特定施設」）」と定められている（ダイオキシン類特措法第2条）。

環境省の発表によると、わが国におけるダイオキシン類の年間排出量は、「1997年に約7,680～8,140gであったが、2003年には、376～404gになり約95％減少したと推定」されている。発生源は、廃棄物焼却施設からが約90％、金属精錬施設が約5％、その他森林火災などからである。その後も廃棄物処理場からのダイオキシン類発生抑制対策は進められている。廃棄物を燃焼処理すると、800℃以上で行えばダイオキシン類の発生が抑制できることから、高温処理が行われている。なお、1,200℃以上となるとノックス（NOx）が発生するため、温度の調整が行われている。

ダイオキシン類は、人の耐容1日摂取量（TDI）は、人の体重1kg当たり4pg-TEQ／日［$10^{-12}$g-TEQ／日］（ダイオキシン類特措法第6条第1項、及び同法施行令第2条）となっており、超微量であっても極めて有害性が高い。ダイオキシン類特措法第7条には、「政府は、ダイオキシン類による大気の汚染、水質の汚濁（水底の底質の汚染を含む。）及び土壌の汚染に係る環境上の条件について、それぞれ、人の健康を保護する上で維持されることが望ましい基準を定めるものとする。」と規定され、環境基準は「環境基本法」第16条ではなく、ダイオキシン類特措法で特別に定められている。

民間企業は、かなり温度差はあるが、OECDが示した「拡大生産者責任（Extended Producer Responsibility：EPR）」[注14]の考え方に基づき、研究開発、普及を進めている。立法、行政も各種リサイクル法の制定、ガイドライン、行政指導によって環境政策の重要項目として取り組んでいる。しかし、

この考え方の理解に関して一般公衆は，国，地域および個人について格差が極めて大きい。特に中長期的な利益（持続可能な開発）は，スピードが問われる通信による情報化社会の中でどのように対処していけばよいのか今後の課題であろう。

## III.3　環境リスクの指標

### (1)　環境指標

#### ①　基本的コンセプト

　「環境指標」にはさまざまな種類がある。したがって，扱われる情報によってそれぞれ異なる解析が行われている。何らかの状況を示す指標で，明確に条件を示さないと単純に「良い」または「悪い」といった評価を表すことはできない。なぜ良いのか，またはなぜ悪いのかを根拠を持って説明するには，標準（基準）を定め，それと比較する必要がある。科学的な解析すべてに同様なことがいえる。汚染被害が発生した水銀（およびその化合物）やカドミウム（およびその化合物）など有害物質について再発防止のために，法令によって事業所からの排出基準（または総量基準）を設けることなどが標準（基準）の代表的な例で，測定地と比較することで状況が判断できる。
　もっとも，標準（基準）を定めるには，慎重に科学的な根拠を議論しなければならない。明確な被害が発生したり，かなり科学的な知見が揃ったものでなければ，十分な根拠を持ったものとはならない。商品の環境性能向上を目的とした指標に関しては，個々の商品に関して個別に目標値を定める法政策もとられる。例えば，省エネルギー製品の開発を進めるために，同種の製品の中で最も優れた省エネルギー製品をトップランナーにして，他社の開発目標を定めている。製品に関するさまざまな環境効率に関しては，環境的側面に加えて，経済的側面も考慮されることが多い。環境価値（または製品価値と環境負荷，あるいは環境負荷減少と環境コスト）を経済的に表すと曖昧な部分がところどころに発生するため，省エネルギーを目的としたトップランナー方式のように異なる企業の製品を比較することは困難である。

また，環境価値について評価・検討する際に，人の個人的な価値観（または感情）が入ると，議論は平行線をたどることとなる。環境指標は，常に客観的に分析されなければならない。曖昧な評価から結論を導き出すと，環境保全の意義は失われる。保護すべき生物種を選択したり，保護すべき景観などの価値評価は極めて難しい。また，地球環境問題のように規模の大きい環境影響や数十年も経過した後被害が発生するような慢性的な影響の評価では，対策にさまざまな立場からの主観的な価値観が交錯してしまう。

　この価値観に科学的な根拠を示すことが難しい風評，あるいは国内外の政治的背景があるとさらに問題が複雑となり，一般公衆はリスクの大きさに関して混乱することとなる。リスクはどのようなモノやサービスにも必ず存在し，その大きさは指数関数的に異なっている。すべてのモノやサービスが持っているリスクの大きさを確認するために，環境指標が必要となる。

② PSR

　OECDでは，環境指標として環境負荷からその対応までの流れを総合的に考えた「PSR (Pressure, State, Response) モデル」が公表されている。各環境問題について，当該モデルを体系的に分析し，環境政策の基礎情報とすることが提案されている。

　PSRモデルにおける各項目の内容は，以下のとおりである。

　このモデルで示される環境への負荷，環境の状況，社会による対応は抽象的なものであるが，社会的対応では「環境に配慮した製品やサービスの価格及び市場占有率，汚染除去率，廃棄物のリサイクル率等」があげられており，個別製品の環境効率の向上など環境情報も分析されることとなっている。

　PSRモデルの項目の中でも最も基本的な情報は，環境への負荷である。環境基本法では，「環境への負荷」（第2条第1項）を，「人の活動により環境に加えられる影響であって，環境の保全上の支障の原因となるおそれのあるもの」と定めている。また，「公害」と「地球環境保全」の定義も示している。「公害」（第2条第2項）は，「環境の保全上の支障のうち，事業活動そ

**表Ⅲ-5　PSRの項目**

① 環境への負荷（pressure）
環境への負荷を表す指標は，天然資源を含めた環境への，人間の活動による負荷を表します。ここで言う「負荷」とは，直接的な負荷（資源利用，汚染物や廃棄物の排出等）と同様に，潜在的あるいは間接的な負荷（活動そのものや環境の変動傾向等）を網羅しています。

② 環境の状況（state）
環境の状態を表す指標は，環境の質及び天然資源の質と量に関係し，環境政策の究極的目的を反映します。さらに環境の状態の指標は，環境の全体的な状況と時間の経過に伴う変化を示すように策定されています。例としては，汚染物の濃度，負荷の危険水準の超過，公害及び低下した環境の質への危険にさらされる人数や健康被害，野生生物，生態系及び天然資源の現状等をあげることができます。

③ 社会による対応（response）
社会による対策を表す指標は，社会が環境面の課題事項に対策する程度を示します。指標の例としては，環境への支出，環境に関する税及び補助金，環境に配慮した製品やサービスの価格及び市場占有率，汚染除去率，廃棄物のリサイクル率等をあげることができます。

出典：環境省ホームページ，環境省総合環境政策局編「環境統計集　平成19年版（2007年）'解説　国際機関における環境指標の検討'」より抜粋。http://www.env.go.jp/doc/toukei/contents/kaisetu.html（2008年3月23日）

の他の人の活動に伴って生ずる相当範囲にわたる大気の汚染，水質の汚濁，土壌の汚染，騒音，振動，地盤の沈下及び悪臭によって，人の健康又は生活環境に係る被害が生ずること」，「地球環境保全」（第2条3項）は，「人の活動による地球全体の温暖化又はオゾン層の破壊の進行，海洋の汚染，野生生物の種の減少その他の地球の全体又はその広範な部分の環境に影響を及ぼす事態に係る環境の保全であって，人類の福祉に貢献するとともに国民の健康で文化的な生活の確保に寄与するもの」と定義されている。したがって，個々の環境問題の負荷すべてを統一的に扱い定量評価することは，極めて困難といえよう。ただし，個別の問題についてLCA分析を進めることによって，より正確な情報に近づけることができる。

また，個々の環境問題解決のためにプライオリティをつけ，重要度の違いを定めることも難しい。一般的には，国内法によって直接規制が定められたものへの遵守が最も注目される。当該規制では，規制物質に関する環境排出

に関する定量的データの行政への届け出が規定されているため，環境負荷量の算出は可能と考えられる。環境税や排出権取引など，経済的な誘導を図った規制が行われた場合も対象する環境負荷に関する定量値を算出できるだろう。他方，企業の自主的な情報公開活動であるPRTR制度でも，規制対象として定められている有害物質ついて排出，移動量が確認できるため，環境負荷量が予想できる。ただし，このデータは企業が自主的に提出するものである。近年企業では，CSR（Corporate Social Responsibility）の観点から企業活動が環境に与える負荷を，企業環境レポート（冊子やインターネットなどで公開），統合レポート（財務報告と非財務報告が一体となったもの）などでも公開している。

一方，最初の環境サミットとなった「国連環境と開発に関する会議（United Nations Conference on Environment and Development：UNCED）」（1992年6月）でも，環境情報の国際的な今後の取り組みのあり方が議論されている。その結果は，この会議で採択された「アジェンダ21：Agenda21」の第40章「意思決定者のための情報（Information For Decision-making）」に示されており，信頼できる情報にするためには，a．データ格差の解消（Bridging the data gap），b．情報利用可能性の向上(Improving information availability)が必要であることを述べている。

会議の後，第38章の「国際的な機構の整備」に従って設けられた「持続可能な開発委員会（Commission on Sustainable Development：CSD）」で，各国政府の意思決定者を支援のための環境指標が検討されている。その内容は，OECD示した前述のPSRモデルの「環境への負荷（pressure）」指標を利用（driving force）して，社会，経済，制度面を含む概念に拡張したもので，DF-S-Rモデルといわれている。

③　各環境指標の体系

環境汚染に関する環境指標には，表Ⅲ-6に示すものがあげられる。

この指標を分析し，政策を決定するには，もう1つの切り口として，資源

### 表 III-6　環境指標の例

① 環境のバランスを変化させるような物質やエネルギーが放出される定性や定量を測定したもの（排水，排気，騒音，振動など）
② 環境の状況を測定したもの（環境基準点の環境測定［環境基本法第16条環境基準］，生物調査，環境中の物質濃度，気象状況［気温，降雨など］，地理的な変化など）
③ 環境問題に関する対策の進捗状況を示すもの（有害物質や廃棄物の減量状況，有害化学物質放出移動登録［PRTR］・潜在的な化学物質汚染予測，リサイクル率など）
④ 環境影響の事前対処（環境影響審査［開発事業の変更・中止，融資審査］，環境商品の開発［環境効率の向上］，事故時の被害ポテンシャル把握［貯蔵物質の定性・定量］，化学物質のSDS［Safety Data Sheet］）

### 図 III-7　環境指標の体系

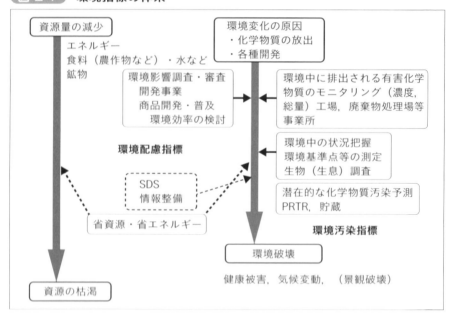

の状況と資源政策との関連を検討しなければならない。これら全体の体系の概要を図で表すと，図III－7のようになる。

　これら情報の整備は，環境政策の立案の際には不可欠なものである。多く

の情報を収集することで，より正確な計画が立案できる。

## (3) 環境影響評価

### ① 国際的な開発プロジェクト

開発事業を行う場合，先進国をはじめ多くの国では，環境に関して影響を及ぼすことを懸念して，事前に「環境影響評価」（または，環境アセスメント）を実施し，開発による環境影響を最小限にとどめる方法が行われている。途上国の開発に対して主に資金援助を行っている世界銀行[注15]は，1945年の設立以来数多くのプロジェクトを成功させている。しかし，以前は環境配慮に欠けた開発へ支援したことから，環境団体などから非難されたこともあった。現在では，プロジェクトの準備（Preparation）の検証，評価の過程で，「環境・社会的諸問題」が検討されている。実質的には，この検討は，タスク・チームによって行われる。検討内容は，各種資料・報告書の品質確保のための「助言」の他，「仕様書（Terms of Reference（TOR））の作成」，「必要とされるコンサルタントの推薦」などである。

世界銀行におけるアセスメントの例として，道路建設プロジェクトのフィージビリティー・スタディーに含まれる主要な分析・評価項目では表Ⅲ-7に掲げるような事項が示されている。

需要分析，経済・経営分析と並行して環境保全上の制約条件，便益と環境面への影響に関するバランスの問題が示されており，ESGの面から評価が行われている。さらに，プロジェクト実施に伴う環境への影響など社会的な面に影響を及ぼす要因を総称して「セーフガード」と呼んでおり，その中で環境評価（Environmental assessment：以下，「EA」とする）の実施が義務づけられている。EAに関する報告書は，融資審査の重要な判断資料となり，自然環境（大気，水，土地），人類の健康・安全，社会的要因（移住移転，少数民族，文化財）および領域のまたがる地球規模の環境問題について検討が行われている。開発プロジェクトの事前の環境配慮指標として非常に重要

表 Ⅲ-7　世界銀行のレンディング・オペレーションの概要（道路建設例）

① ネットワークの評価（Network assessment）：ネットワークの現況及びサービスレベルの分析，道路網の開発計画，交通需要配分，ルート間及び交通機関間の転換交通，有料化による影響分析
② 交通需要分析（Travel demand analysis）：基準年における交通流動状況の把握，増加要因の予測
③ 工学的及び環境的領域（Engineering and environmental context）：各種案の実行可能性，工費積算，環境上の制約条件，便益と環境面への影響のバランスの問題
④ 経済・財務分析評価（Economic and financial evaluation）：比較案についての経済・財務分析評価

出典：世界銀行東京事務所「世界銀行のレンディング・オペレーション」（2005年）30頁

なものである。

　この他，OECDでは，「環境委員会が1972年に，環境汚染・環境破壊を防止する費用，修復費用は，原因者がこれを支払うべきであることを定めた汚染者負担の原則（Polluter Pays Principle：PPP）を環境政策の指針原則として採択した」後，貿易不均衡の発生防止の観点等から加盟国政府や国際機関に環境面の配慮を積極的に導入している。1985年には「環境アセスメントに係る勧告」が公表されている。2001年には，「拡大生産者責任 ―加盟国政府のためのガイダンスマニュアル」（Extended Producer Responsibility -A Guidance Manual for Government）を公表[注16]し，生産者に製造物の使用（消費）後にまで拡大した責任を定め，製品の環境アセスメントも求めている。また，米国は1969年に制定された国家環境政策法（National Environmental Policy Act：NEPA）で，世界で初めて「事業を始める前に」環境アセスメントを実施することが義務づけられた。このアセスメントでは，計画段階で事業の中止も含めて複数の計画案について事前評価がなされ（計画アセスメント），政策的観点からも検討されている。この方式は，戦略アセスメントといわれ，国際的に導入が進められている。

**図Ⅲ-8　環境影響審査法第一種事業対象：空港**

環境影響評価法では，滑走路長2,500m以上の飛行場は「第一種事業」とされ，滑走路長1,875m〜2,500mのものは「第二種事業」とされる。第二種事業における環境アセスメントの必要性の判断は，規模が小さくても環境に与える影響が大きいものや野生生物の生息地など地域性などを考慮し決定される。この判定の手続をスクリーニング（screening：審査，選考）という。

② 国内の環境アセスメント

わが国では，法律および条例・要綱で環境アセスメントに関する規制が定められている。法律は，環境影響評価法が1997年に制定され，1999年から同法が施行されている。条例は，2004年には，すべての都道府県および政令指定都市で環境アセスメント制度が設けられている。また，埋め立て・掘込み面積の合計が300ha以上の港湾計画においては，港湾法によって環境アセスメント実施が要求されている。

環境影響評価法では，各事業で事前に評価する環境影響項目を選定（スコーピング）する際，主務省令で定めに従い環境影響評価の項目ならびに調査，予測および評価の手法が決定されることとなっている（法第11条第1項）。当該主務省令は，「環境基本法第14条に掲げる事項の確保を旨として，既に得られている科学的知見に基づき，対象事業に係る環境影響評価を適切に行うために必要であると認められる環境影響評価の項目並びに当該項目に係る調査，予測及び評価を合理的に行うための手法を選定するための指針につき主務大臣（主務大臣が内閣府の外局の長であるときは，内閣総理大臣）が環境大臣に協議して定める。」とされている（法第11条第3項）。この環境影響評価結果は，開発における重要な環境配慮指標といえる。

再生可能エネルギー発電施設も規模が大きくなれば自然環境に影響を与えるため環境アセスメントが必要である。すでに多くの森林など自然が破壊さ

れ，生態系や人の生活に問題を発生させており，今後の改善策が重要である。また，日本も戦略アセスメントを進めているが，計画アセスメントは行われておらず，開発計画が決められた後，環境影響評価法によって中止されることはほとんどない[注17]。事業者が主体となって環境に配慮して進められる事業アセスメントが主である。

### ③ 指標生物と生態系

農業用地について土壌の肥沃土や性質を把握するために，生息している生物種の種類や量を調査する方法が実施されている。このような生物の生息状況の観察は，環境汚染（大気汚染，水質汚染）の調査，紫外線の増加や環境影響評価などの環境指標としても使われている。ただし，環境指標は，土壌調査と違い，生物の生息状況の変化がもっぱら調べられることになる。また，あるべき自然環境を生態系の生息状態で確認するには，標準となる状況（比較検討する状況）が必要であるが，多くのコンセンサスを得て標準となる本来あるべき環境の状況を設定することは難しい。

指標となる生物には，自然に生息する魚，鳥，虫，水生・土壌生物および植物などがあり，種類によって生息する環境が異なるため，その存在確認（生態系など変化の観察，植生など生物の分布状況の観察，生物の行動など／定性，定量）で環境の状況が把握できる。化学的測定では把握が難しい広域にわたる自然や比較的長い時間かけて積み重なった変化などが確認できる特徴もある。環境省では，居住地周辺の自然環境の動向を表す種（環境指標種）の分布状況の調査として「環境指標種調査（身近な生きもの調査）」などを実施している。指標生物には，それぞれ固有の性質がある。例えば，淡水魚の鯉は，比較的汚い水質でも生息することができる。

地球上の生物種は，数千万の種類が存在すると考えられているが，人間活動による自然生態系の破壊によって，その多くが絶滅のおそれにさらされている。このような状況を調査した国際自然保護連合（International Union for the Conservation of Nature and natural resource：以下，「IUCN」とす

る。）では，絶滅のおそれがある野生生物をリスト化した「レッドデータブック（Red Data Book）」を発表している。その後，諸外国政府などが独自で調査を始めている。わが国では，環境省をはじめ複数の地方公共団体で，各地域の絶滅に瀕した生物種を調査し，各地域のレッドデータが発表されている。

　他方，生物種の保護の国際的な取り組みとしては，「生物の多様性に関する条約」が1993年12月に発効している。わが国での国内法は，「絶滅のおそれのある野生動植物の譲渡の規制等に関する法律（1987年制定）」および「特殊鳥類の譲渡等の規制に関する法律（1972年制定）」を統合し，1992年に「絶滅のおそれのある野生動植物の種の保存に関する法律（通称：種の保存法）」が制定されている。なお，外国から国内に持ち込まれたペットなどが国内の在来種を駆逐または生態系を破壊することを防止するために「特定外来生物による生態系等に係る被害の防止に関する法律（通称：外来生物法）」が2005年6月より施行されている。この他には，1975年にすでに発効している「特に水鳥の生息地として国際的に重要な湿地に関する条約（通称：ラムサール条約（Ramsar Convention））」（湿地の保全を規制）や「絶滅のおそれのある野生動植物の種の国際取引に関する条約（通称：ワシントン条約（Washington Convention），略称　CITES（サイテス）」（野生動植物の国際的な取引を規制）がある。

## (3) エコロジカル・フットプリント

### ① 概念

　資源消費の面から商品を評価することも行われている。わかりやすく表現されているものに「エコロジカル・フットプリント（Ecological Footprint：環境に負荷をかけている足跡）」があげられる。エコロジカル・フットプリントでは，人類が資源にどの程度依存しているかを示している。大きな足跡が示されるものほど環境負荷が大きい表示で示される。具体的には，農作物

を得るための耕作地の面積，紙や木材を供給するための森林面積など複数の対象が取り上げられている。

　例えば，米と牛肉のエコロジカル・フットプリントを考えると，米は作付けされたものがそのまま人に食されるため，そのまま作付面積が資源消費量となる。しかし，近年の牛肉は，牛が穀物（飼料）を食べ大きくなり，成長の間に牛が動き回り，基礎代謝で使われるエネルギーもその穀物から供給されている。したがって，牛肉の生産には，莫大な穀物が消費されることになる。肉類の消費が増加すると穀物が大量に必要になり，耕作地の面積すなわちエコロジカル・フットプリントが急激に拡大していくこととなる。

　1人当たりのエコロジカル・フットプリントは，肉類をよく食べ，大量の食品廃棄物を発生させる米国が最も大きくなる。世界各国の人が米国人と同じ食生活をすると，地球が複数必要となることとなる。すなわち，米国人の食生活を世界全体の人はできないということである。なお，この計算には，各地域の農業生産効率の変化，地球温暖化による農業の変化，今後問題となってくる水（淡水）不足，植物工場や遺伝子操作など技術開発による食糧増産などは考慮されていないため，現在の状況の指標として示されているものである。

　エコロジカル・フットプリントによる指標は，ローマクラブの委託研究で「成長の限界」を検討したMIT（Massachusetts Institute of Technology：マサチューセッツ工科大学）の研究チーム（ドネラ・H・メドウズ，デニス・L・メドウズ，ヨルゲン・ランダース，ウィリアム・W・ベアレンズ3世等），ヴッパータール研究所「ファクター4」の研究，環境NGOが行う環境教育などに利用されている。

② 考え方の応用

　製品が完成するまでに費やされる化石燃料の消費量を算出し，排出される二酸化炭素の量を算出するものをカーボンフットプリントといい，地球温暖化への起因量を示す際に利用される。さまざまな排出源がある地球温暖化原

因物質の削減には，人為的活動を包括的に規制する経済的な誘導が図られている。環境税，排出権（量）取引，削減努力に対する優遇措置・助成金などがある。その定量的な評価の基本となるデータとして，カーボンフットプリントの情報が重要となる。なお，バイオマスは減少しないように栽培管理を行えば，再生可能エネルギーであるので，カーボンフットプリントのみを注目するとゼロになり，カーボンニュートラルとなる。

他方，農作物などは水（淡水）を大量に使用するため，ウォーターフットプリントという指標も考えられている。農作物を輸入する国は，実際には他国の水を消費していることになるが，消費者には感覚的に捉えにくい。水の消費増加を抑えるために，ウォーターニュートラルという言葉が提唱されているが，食料を輸入に頼る日本などではこの管理をすることはかなり難しい。また，輸出入などによって他の地域で消費されている水のことを，英国のアンソニー・アラン（Anthony Allan）は，仮想水（Virtual Water）と提唱している。

その他に，環境汚染の原因となる有害物質についても，トキシックフットプリントとして示すこともできる。国際的に規制が進む水銀，鉛，カドミウム，クロムなどは，自然の循環に中にも存在しており，個別に検討することで，工業製品の製造，農作物などの安全評価に有益な情報を与えることになる。ただし，LCA情報の収集範囲を，「製造段階後」，「農作物の加工段階後」などと限定してしまうとそのデータの有益性は非常に低くなる。酸性雨の原因に注目すると，NOx，SOxについて，ノックスフットプリント，ソックスフットプリントを示すこともできる。いずれのフットプリントも正確なLCA情報が必要となるが，収集可能な情報に限られるため指標として利用することが妥当だろう。

地球温暖化対策などで「地球規模で考え，地域で行動を（Think globally, Act locally）」というスローガンが国際的に浸透している。世界を考え，足下から行動を起こす際に，エコロジカル・フットプリントで示される指標は，活動推進に貢献すると思われる。

③　フードマイレージ

　モノが移動することによるエネルギー消費に関しても検討が進んでいる。化石燃料が使用される場合，二酸化炭素やノックス（NOx）・ソックス（SOx）などの環境排出はLCAの重要な項目である。

　食品に関してはフードマイレージ（Food Mileage）といった考え方がある。この基本概念は1994年に英国ロンドン市立大学ティム・ラング（Tim Lang）が，食料の移動が環境に与えている負荷の指標として「食料重量×距離」（単位例：t・km）を算出した「フードマイル（food miles）」が示されている。

　その後，わが国の農林水産省農林水産政策研究所によって「フードマイレージ」という言葉で提唱された。ただし，輸送方法や使用している燃料によって食料の単位量当たりの燃費など環境負荷が異なるため，エコロジカル・フットプリントと同様に環境負荷を考える際の1つの指標として扱われる。例えば，有機農作物であっても遠くに運ばれれば環境負荷は大きい。化学農薬を利用した食品であっても，地産地消ならばフードマイレージによる環境負荷は小さくなる。

　北欧におけるオレンジなどの果実のようにアフリカなどから運ばれるものや，わが国の大豆関連食品や肉など米国などから運ばれるものは，フードマイレージが大きく，食品が持つエネルギー（カロリーで示されることが多い）より移動のために使われるエネルギー消費のほうが大きい。大量生産によるコスト削減，世界各地の最も安価な商品の選択（経済格差），季節に逆らった付加価値のある商品（温室栽培）および世界中の産地からの豊富な品揃えは，安価なエネルギーコストに支えられて実現している。

　一方，付加価値の高い農作物を栽培する過程でも，機械化等によって大きなエネルギーが使用されることもある。温室栽培では，暖房用のエネルギーを莫大に消費している。フードマイレージが小さくてもエネルギー消費が大きい農作物も多い。食品生産から消費・廃棄までのエネルギー利用も，LCAの視点を持って栽培から消費，リサイクルまでの環境負荷に関する考慮が必要であろう。節分の習慣として恵方巻きを食することが広がったため，

一時的に食品廃棄物が急激に増加したため、食品ロスが問題となった。無駄によるエコロジカル・フットプリント、フードマイレージが増大し、廃棄物問題ともなった。このため食品ロス削減推進政策が図られることとなった。企業の経営戦略上、消費を促すためにさまざまな方策が行われるが、「恵方巻きを食する」習慣もその1つである。経営企画作成においても、廃棄まで考慮したLCAの視点を持つべきであろう。却って、ビジネスの持続可能性を失うこととなる。

移動の環境負荷マイレージは、市場の商品すべてに当てはめることができる。われわれの周りにある物質には、遠い海外から運ばれてきた物であふれているといっても過言ではない。すでに木材は、輸出入を対象にしたウッドマイルズ（wood miles）が検討されている。

一方、フードマイレージは容易に意識できないものであるが、エネルギーコストの上昇は農作物の価格の上昇を誘い、社会的問題となる。食糧自給率が低いわが国にとって、農作物および漁獲物の必要量を確保するための輸入が難しくなるにつれ、フードマイレージおよびエコロジカル・フットプリントの注目度が上がると考えられる。一般公衆の食を提供している企業は、農作物の安定供給について事前に検討しておく必要があるだろう。政府は、中長期的な明確な政策を適宜策定していかなければならない。わが国の経済力が失われれば、食料調達も困難になる。

**図Ⅲ-9　地産地消—ベトナム・ホーチミン，ベンタイン市場**

ホーチミンのベンタイン市場には、ベトナム特産（地産地消）の果物などがたくさん売られている。フードマイレージは低いと考えられる。対して、先進国のスーパーマーケットには、開発途上国から大量に運ばれたバナナ、オレンジ、マンゴー、パイナップルなど農作物、加工食品が、所狭しと売られている。先進国のスーパーマーケットのフードマイレージは、莫大な数値になるだろう。

## III.4 事故対処

### (1) 有害物質の漏洩

#### ① スーパーファンド法改正法

化学工場や原子力発電所など，事故で深刻な環境汚染が発生した事例は数多くある。その事前対処として，事業所内にある化学物質の種類と量を把握し，リスク（ハザードと量）を把握しておくことが重要である。米国では，1986年に制定したスーパーファンド改正法（スーパーファンド改正再授権法：Superfund Amendments and Reauthorization Act [SARA]）に事故計画および一般公衆の知る権利法（Emergency Planning and Community Right to Know Act：EPCRA）が新たに定められている。

具体的な規程としては，行政に対して「事故時対策計画」の提出，「有害物質放出報告：有害物質を規定量以上放出した際の報告（対象物質を約420物質規定）」および「規定物質が限界計画量（Threshold Planning Quantity）以上施設内に存在する場合の報告」が義務づけられ，これら情報に関して「住民の知る権利」が定められている。したがって，一般公衆が，事業所に存在する化学物質が環境に放出されることによって生じる潜在的リ

一般公衆に情報公開が行われている。

図 III-10　米国・ルイジアナ州ミシシッピー川岸にある化学プラント

米国では，スーパーファンド法・事故計画および一般公衆の知る権利法（EPCRA）によって，化学プラントに貯蔵してある化学物質の種類と量および環境への放出量，事故的放出量に関して，行政より

スクを確認する制度が整備されている。

　このような制度ができた背景には，1984年12月にインド・ボパール市でユニオンカーバイド・インディア社（親会社は米国のユニオンカーバイド社）の農薬工場が有害物質放出事故を起こし，20万人以上（50万人以上との調査もある）もの被災者を発生させた事件が発生したため，米国で有害物質放出事故に対する不安が高まったことがある。

② 松花江汚染事件

　2005年11月に中国吉林省・吉林市内の石油化学工場（中国石油天然気［ペトロチャイナ／中国石油天然ガス株式会社］傘下の中国石油吉林石化公司［中国石油天然気が買収，2005年11月15日公告］のベンゼン製造工場］で発生した事故では，約70名が負傷し，6人が行方不明となり，ベンゼン類（ニトロベンゼンなど）約100tが松花江（河）に流出し，吉林省，黒竜江省およびロシア（ハバロフスクなど），オホーツク海にわたる広い地域が環境汚染された。

　この事件では，水域が有害物質で汚染されたため飲料水の供給ができなくなり，ハルビン市の約300万人の住民が数日断水となってしまった。この事件では，吉林省地方政府，ハルビン市政府から市民やロシアに河川汚染や水道汚染について正確な情報が伝えられないことが問題となった。国によって化学物質汚染事故の対応には大きな開きがあり，国際条約によって世界的なリスク対処の秩序を整備するべきである。

③ 日本の対処

　わが国の場合，事故時の対処については「消防法」によって規制されている。事前対処として，「圧縮アセチレンガス，液化石油ガスその他の火災予防又は消火活動に重大な支障を生ずるおそれのある物質を政令で定めるものを貯蔵し，又は取り扱う者は，あらかじめ，その旨を所轄消防長又は消防署長に届け出なければならない。」（第9条の3）ことが定められ，「指定数量

以上の危険物は，貯蔵所（移動タンク貯蔵所を含む。）以外の場所でこれを貯蔵し，又は製造所，貯蔵所及び取扱所以外の場所でこれを取り扱つてはならない。」（第10条）ことも規制されている。

事故発生時においては，「製造所，貯蔵所又は取扱所の所有者，管理者又は占有者は，当該製造所，貯蔵所又は取扱所について，危険物の流出その他の事故が発生したときは，直ちに，引き続く危険物の流出及び拡散の防止，流出した危険物の除去その他災害の発生の防止のための応急の措置を講じなければならない。」（第16条の3第1項）ことや「前項の事態を発見した者は，直ちに，その旨を消防署，市町村長の指定した場所，警察署又は海上警備救難機関に通報しなければならない。」（第16条の3第2項）などが定められている。

環境法では，「大防法」第17条第1項「ばい煙発生施設を設置している者又は物の合成，分解その他の化学的処理に伴い発生する物質のうち人の健康若しくは生活環境に係る被害を生ずるおそれがあるものとして政令で定めるもの（特定物質）を発生する施設（ばい煙発生施設を除く。）を工場若しくは事業場に設置している者は，ばい煙発生施設又は特定施設について故障，破損その他の事故が発生し，ばい煙又は特定物質が大気中に多量に排出されたときは，直ちに，その事故について応急の措置を講じ，かつ，その事故を速やかに復旧するように努めなければならない。」ことが定められ，前第1項に規定する者は，「直ちに，その事故の状況を都道府県知事に通報しなければならない。」（大防法第17条第2項）と規定され，規制物質（大防法施行令第10条）[注18]が定められている。

## (2) 放射性物質汚染

### ① 原子力発電所のリスク管理

わが国の原子力発電所に適用されている定期点検の技術基準は，米国機械学会（ASME：American Society of Mechanical Engineers）で定めた規定

を参考にしている部分が多い。また，安全管理において，施設内（内部事象）にフェールセーフ（fail safe：装置，システムに故障または誤操作，誤動作による障害が発生した場合，事故にならないように確実に安全側に機能するような設計思想），フールプルーフ（fool proof：作業員などが誤って不適切な操作を行っても正常な動作が妨害されないこと）およびインターロック（interlock：誤動作防止，条件がそろわないと操作が行われないようにすること）を備えている。1986年に甚大な被害（大量の放射性物質の環境放出）を発生させたロシア（当時 ソ連）のチェルノブイリ原子力発電所は，作業員の人為的ミスが原因である。作業員の教育訓練も極めて重要なリスク管理である。

　しかし，施設外（外部事象）からの現象による事故に関してはケースバイケースの対応となっている。米国のスリーマイル島（Three Mile Island：TMI）原子力発電所は，約4km離れたところにハリスバーグ国際空港があり，飛行機が原子炉に墜落する確率が1年に1,000,000分の1を越えると予測されたことから，原子炉建屋を強固なコンクリートで覆った。1979年に原子炉冷却材喪失事故を起こしたが，強固なコンクリートで作られていたことが幸いし，原子炉建屋外への放射線漏れは起きていない。なお，コンクリートは放射線を遮断する効果がある。2011年に発生したわが国の福島第一原子力発電所の事故は，外部事象である自然現象の津波が原因である。外部事象は非常に多くの原因が想定されるため，リスク対処の対象範囲を定めるには多くの

**図Ⅲ-11　原子力発電所建設現場**
原子力発電所の建設には数千億円が費やされるが，その多くがリスク対策に費やされている。また，運転後も巨額の対策費用が投入されている。福島第一原子力発電所事故以降は，津波対策に1つの炉に1,000億円以上が費やされている。

議論が必要である。原子力発電所事故は，国際的な問題となる可能性が高いため，各国のコンセンサスを得たリスク対策のあり方を考えていくべきであろう。そもそも，何をもって「安全」と定義するのか「あいまい」であり，リスクを明確に確認するほうが合理的である。

一方，原子力発電所内で発生した事故の重大さのレベル分けについては国際的な指標が作られている。国際原子力機関（IAEA）と経済協力開発機構原子力機関（OECD／NEA）で検討が行われ，国際原子力事象評価尺度（International Nuclear Event Scale：INES）が1992年3月にオーストリアのウィーンで採択されている。この国際原子力事象評価尺度では，原子力発電所で発生する事故などを「安全上重要ではない事象レベル」0からチェルノブイリ事故に相当する「重大な事故レベル」7までの8段階に分類している。また，わが国の経済産業省では独自に事故尺度を定め，「安全上重要でない事象レベル」を0，「異常な事象」をレベル1～3，「事故」をレベル4～7としている。

② 福島第一原子力発電所とその対処

2011年3月に発生した福島第一原子力発電所事故は，わが国のエネルギー政策の転換を余儀なくさせた。これまで事故対策として，原子力発電所内の操作等内部事象を中心に非常に詳細に対策を行い，リスクを極力小さくする手法を行ってきた。しかし，外部事象である東日本大震災による地震および津波（推定14～15m）が原因で，ほとんど原子炉制御システムが操作不能となる大惨事を引き起こしている。

原子炉の冷却が十分に行えなかったため，1～3号機の原子炉は，核燃料収納被覆管の溶融によって核燃料が原子炉圧力容器の底の部分に落ちる事態（炉心溶融：メルトダウン）となっている。その後，溶融燃料の一部が原子炉格納容器に漏れ出し（メルトスルー），さらにメルトダウン時に発生した水素が建屋内に漏れ出し，充満して水素爆発が起こっている。建屋内に存在していた放射性物質が大気中に放出され，広範囲にわたって降下（フォール

アウト：降下してくる放射性化学物質）し放射線汚染が発生した。なお，原子炉3号機は，MOX（Mixed Oxide）燃料を使用したプルサーマル発電（使用済み燃料から抽出分離したプルトニウムを使用した発電）を行っていた。

　これまで，わが国の環境法では，原子力発電に関する事柄は原子力基本法を中心に環境行政から外されていたが，この事故がきっかけとなり環境行政の一環となった。「環境基本法」，「廃棄物の処理及び清掃に関する法律」に定められていた原子力関連は除く旨の定めは削除された。また，2012年6月に「原子力規制委員会設置法」が制定され，原子力に関する許認可権限の大半を行っていた経済産業省原子力安全・保安院（商業炉の管理），内閣府の原子力安全委員会が廃止され，新たに国家行政組織法第3条2項に基づき，原子力関連のリスクに関する規制体制を集約した「原子力規制委員会」が環境省の外局としてが設置された（本委員会は，他の行政機関から独立した権限を持つ，いわゆる3条委員会と呼ばれている）。「原子力規制委員会設置法」の目的（第1条）では，「東北地方太平洋沖地震に伴う原子力発電所の事故を契機に明らかとなった原子力の研究，開発及び利用に関する政策に係る縦割り行政の弊害を除去し，並びに一の行政組織が原子力利用の推進及び規制の両方の機能を担うことにより生ずる問題を解消するため，原子力利用における事故の発生を常に想定し，その防止に最善かつ最大の努力をしなければならないという認識に立つ」と示され，原子力委員会に事務局として原子力規制庁が設けられた。

　他方，原子力リスク行政に関して主要な意思決定機関として，内閣総理大臣を長（議長および本部長）とした閣僚らで構成される原子力防災会議（平時）および原子力災害対策本部（緊急時）が創設されている。当該会議の副議長（平時）および副本部長（緊急時）は，原子力規制委員会委員長，内閣官房長官，環境大臣となっている。したがって，原子力リスクに関する実質的な権限は，内閣総理大臣にある。

　フィールアウトで農作物，畜産物，水産物に汚染生じた場合は，「原子力

災害対策特別措置法」に基づき厚生労働省の食品安全委員会によって審査され，食品衛生法（第6条）に基づいて出荷制限，摂取制限措置がとられる。なお，水産物に関しては，河川の魚のみが規制制限となっており，海産物に関しては指定されていない。放射性物質に曝される可能性が高い海底に生息する生物や海草類などは，定期的に測定する必要があると考えられる。その他，原子力施設の災害時には，「原子力災害対策特別措置法」，「原子力損害の賠償に関する法律」の規制によって対処が行われる。一方，大気汚染防止法も改正され，第2条2項で「環境大臣は，放射性物質による大気の汚染の状況を公表しなければならない。」（第2条2項）ことが定められた。ただし，わが国の商業炉は，熱の循環システム・放射性物質が漏洩する部分が異なるBWR（Boiling Water Reactor：沸騰水型原子炉；福島第一原子力発電所で使用していた原子炉タイプ）とPWR（Pressurized Water Reactor：加圧水型原子炉）の2種類の商業原子炉が存在するため，それぞれの固有の対策が必要である。

③　原子力から再生可能エネルギー利用へ

　原子力発電所事故による放射性物質飛散，化石燃料消費による地球温暖化およびウラン，化石燃料枯渇による社会へのダメージに対処するために，わが国および多くの国で，代替電力供給源として自然のエネルギーを利用する発電に注目が集まった。自然エネルギーは再生可能で持続可能性があることからである（ただし，再生可能エネルギーを利用して発電する設備には寿命がある）。この動向を受けて，再生可能エネルギーによる発電を増加させる経済的誘導政策として，フィードインタリフ（Feed-in Tariff：以下，FITとする）制度という再生可能エネルギーで発電した電力を電力会社に固定価格で長期間買い取り義務を定めた新たな制度が各国で導入された。

　わが国では，2009年に施行された「エネルギー供給事業者による非化石エネルギー源の利用及び化石エネルギー原料の有効な利用の促進に関する法律（エネルギー供給構造高度化法）」によって，すでに太陽光発電のみを対象と

したFIT制度は始まっていた。当時，一部条例でも購入時の助成金等が行われ，地方公共団体も経済的支援を行っている。また，電力会社へ再生可能エネルギーによる発電率（または量）を経時的に増加することを定めたRPS (Renewable Portfolio Standard) 法である「電気事業者による新エネルギー等の利用に関する特別措置法」（以下，「新エネ等利用法」とする）も施行されていた

その後，2011年3月に東日本大震災に伴う福島第一原子力発電所の事故を発端に原子力発電に関する巨大なリスクが顕著となり，全国の原子力発電からの電力供給が停止する事態となった。この社会状況を受けて，新たにFIT制度として2012年7月から「電気事業者による再生可能エネルギー電気の調達に関する特別措置法」が施行されている。しかし，2008年の金融危機（リーマンショック）以降，ほとんどの国でFIT制度を止めている。その理由は，再生可能エネルギーによる発電はコストが大きいことから公共料金である電気代が高騰し，さらに金融危機の影響を受け国民の負担が大きくなったためである。

わが国では2009年と2012年に制定した2つのFIT制度が運営されることとなったが，RPS法である「新エネ等利用法」は廃止された。また，買い取り価格が下落していることから経済的誘導機能は非常に低下している（法令により買い取り価格は半年ごとに見直しされる）(2019年5月現在)。RPS法が適用がなくなったことから，わが国の再生可能エネルギーの利用量は低下していくことが考えられる。

他方，一般公衆の放射性物質への不安感についても漠然としたもので，わが国ではラジウム，ラドン（気体の放射性物質）などが多くの地域で環境中に放出されており，放射性物質および放射線に関する理解を高める必要がある。また，再生可能エネルギーによる発電施設の環境問題も発生しており，現在の経済性を考えれば原子力発電による供給が優位になる可能性もある。さらに，電気自動車などの普及でこれから電気の需要が増加していくことから，発電の多様化が議論されることは避けられない。

これまで行われてきたウラン235の核分裂を利用した原子力発電，プルトニウム（核廃棄物から抽出）を利用した高速増殖炉（国内での稼働は中止の予定），現在日本とフランス，EUをはじめとした国々が実用化を進めている核融合発電（太陽をはじめ恒星で行われている反応）などが利用されると予想される。特に核融合は，水素および水素同位体が原料であることから，自然エネルギーによる電気分解などを利用すれば再生可能エネルギーでもある。内部事象，外部事象によるリスクを事前に検討，対処しなければならない。

【注】
（注1） 水銀（Hg）は，常温で液体の状態である唯一の金属であり，沸点も低い。したがって，水域への流出，火を近づけるなどすると気体として拡散する。有機物と反応しやすく，有機水銀になると毒性が急激に高まる（融点約 $-38.9℃$，沸点約$357℃$）。

（注2） 原油を常圧で蒸留し，ナフサ，灯油，軽油などを分離した後の成分（分離の際にアスファルト留分を分離することもある）で，粘度があり，発熱量が石炭の$1.5〜2$倍程度ある。一般的にA重油，A重油，B重油，C重油に分けられ，C重油が最もイオウ分が多くSOxや有害物質を多く含む。以前は，大型ボイラーなど燃料用にC重油が多量に使用された。

（注3） 大防法第18条の21には，「事業者は，その事業活動に伴う有害大気汚染物質の大気中への排出又は飛散の状況を把握するとともに，当該排出又は飛散を抑制するために必要な措置を講ずるようにしなければならない。」と規定されており，有害大気汚染物質対策について事業者の自主管理を促進することが定められている。PRTR制度（化管法）と同時並行で行われている。

規制の対象となる「有害大気汚染物質」は，大防法第2条第13項「継続的に摂取される場合には人の健康を損なうおそれがある物質で大気の汚染の原因となるもの（ばい煙及び特定粉じんを除く）をいう」に基づき，1996年10月18日に発表された中央環境審議会の「今後の有害大気汚染物質対策のあり方について（第二次答申）」の中で，234物質が提示されている。同時に公表された中央環境審議会大気部会専門委員会報告別添2「大気汚染物質に係るリストについて－健康リスク総合専門委員会報告－」では，「有害大気汚染物質」は，大防法の規制対象物質および主として短期曝露による健康影響が問題とされる物質を除くもので，発ガン性がある物質，国際機関が大気汚染防止の観点から施策の対象としている物質，国内関連法で対象としている物質，その他科学的知見等で大気を経由して人へ健康影響の可能性がある物質の中から選定されたことが述べられている。さらに，有害性の程度やわが国の大気環境の状況等に鑑み，健康リスクがある程度高いと考えられる有害大気汚染物質を「優先取組物質リスト」として22物質が選定された。また，当該中央環境審議会の答申に合わせて発表された「事業者による有害大気汚染物質の自主管理促進のための指針」では，優先取組物質の中で，当面，生産・輸入量が多く，大気環境の状況が比較的よく把握されており，かつ長期毒性があると認められ，事業者による自主管理が速やかに実施可能と考えられるものとして次の12物質も抽出されている。

①アクリロニトリル　　　　　　　⑦テトラクロロエチレン
②アセトアルデヒド　　　　　　　⑧トリクロロエチレン
③塩化ビニルモノマー　　　　　　⑨1,3-ブタジエン
④クロロホルム（別名　トリクロロメタン）　⑩ベンゼン
⑤1,2-ジクロロエタン　　　　　　⑪ホルムアルデヒド
⑥ジクロロメタン（別名　塩化メチレン）　⑫二硫化三ニッケル及び硫酸ニッケル

＊二硫化三ニッケルおよび硫酸ニッケルの大気環境モニタリングを実施する場合には，ニッケルおよびその化合物に係る測定結果を提供することで足りるとする。

なお，1997年9月にダイオキシン類が新たに対象として追加され13物質となった。

（注4） この取り組みは，33/50プログラムと呼ばれている。取り上げられた化学物質は，次のとおりである。

①ベンゼン　　　　　　　　　　　⑩メチルエチルケトン
②カドミウム及びその化合物　　　⑪メチルイソブチルケトン
③四塩化炭素　　　　　　　　　　⑫ニッケル及びその化合物
④クロロホルム　　　　　　　　　⑬テトラクロロエチレン
⑤クロムとその化合物　　　　　　⑭トルエン

⑥シアン化合物
⑦塩化メチレン
⑧鉛及びその化合物
⑨水銀及びその化合物
⑮1,1,1-トリクロロエタン
⑯トリクロロエチレン
⑰キシレン

(注5)　世界各国の電力会社は、1回の事故での巨額損害賠償で会社の存続が危ぶまれる原子力発電所建設には極めて慎重な対処を行っている。しかし、日本の福島第一原子力発電所ではリスク対策が非常に不十分であった。当該事故のような大災害を発生させた場合、通常であれば民間企業は倒産しているが、政府は、経済的な支援を続けている。事故時、詳細な事前対策規制は法令ではなく指針（ガイドライン）で行われており、その規制も十分に遵守していなかった。緊急時に対処の生命線となる二次電源が原子炉の地下にあったことなど非常に低レベルな対処である。事故原因の責任の所在が不明確なままであるため、再発防止策に関して不安が残る。情報公開と失敗分析検討が不足している。

(注6)　英国を除く欧州（ヨーロッパ大陸）で施行されている法体系で成文法を中心としている。したがって、環境法においても法令で詳細に規制が施行されている。対して英国、米国など英米法では、判例法、慣習法を中心としている。

(注7)　主な規定内容は汚染した土壌を改善するための基金（ファンド）を政府が設立し、汚染の可能性のある施設に対し、各種情報の報告等を要求していることなどである。これら化学物質の管理に関して高度な科学技術や法的知識が必要なことが多く、専門家、専門コンサルタントも非常に多い。

(注8)　2020年までに5,000物質を調査する予定で始められたが、2005年時点で330物質のみの確認となっており、実用的な状況になるのはかなり先のことになると予想される。

(注9)　米国オバマ大統領（当時）が景気刺激策として制定した「米国再生再投資法（American Recovery and Reinvestment Act：ARRA）」の中で2009年2月にスマートグリッド関連に110億ドルを拠出することを表明し、世界的に注目を集めた。雇用創出を目的として、エネルギー密度が低いが再生可能な太陽光発電、風力発電などの拡大と、ESCO（Energy Service Company）など省エネ事業の活性化が図られている。

(注10)　「容器包装に係る分別収集及び再商品化の促進等に関する法律」では、包装材使用者からリサイクル料金を徴収し、再生業者へリサイクル実施料金を払って資源循環を進めている。入札では最も安価な価格を示した業者が選定される。

(注11)　条例によって法令よりも厳しい基準を作成する際に、上乗せ基準とは排出基準の許容濃度を厳しくした場合、横だし規制とは新たな規制対象を増やす場合のことをいう。上乗せ基準は、水質汚濁防止法3条3項、大気汚染防止法4条1項で「政令で定める許容限度よりきびしい許容限度を定める排出基準を定めることができる」となっており、横出し規制は、水質汚濁防止法29条、大気汚染防止法32条、騒音規制法27条、振動規制法24条、悪臭防止法19条で、「必要な規制を定めることを妨げるものではない」となっている。

(注12)　この化学物質は、吸熱反応を起こしやすく揮発性が高く生産設備を冷やすため、発熱反応である酸化（錆の生成）を進行させ腐食させるデメリットがある。化学メーカーでは、溶剤の販売、回収、再生のマテリアルリサイクルを一括で行うビジネスモデルも作り、新たな販売方法もジクロロメタン販売時より始めている。

(注13)　窒素酸化物対策地域・粒子状物質対策地域は、原則として走行量密度、自動車保有台数密度および窒素酸化物排出量密度がいずれも全国平均の3～4倍を超える地域で、二酸化窒素に係る環境基準を超過するおそれがある地域がほぼ捕捉されている。

(注14)　OECDが2001年に提案したもので「製品に対する生産者の物理的及び経済的責任を製品のライフサイクルにおける使用後の段階にまで拡大する」政策上の手法が示されている。わが国では、

循環型社会形成推進基本法で,「生産者が,その製造する製品の耐久性の向上,設計の工夫,材質や成分の表示等を行う責務(第11条第2項),一定の製品について,引き取り,引き渡し又は循環的な利用を行う責務(第11条第3項)」を規定している。なお,この考え方自体は,1980年代より国際的に広がっていた。

(注15)　世界銀行は,第二次世界大戦以降の国際通貨体制を作るために制定されたブレトン・ウッズ協定に基づき,IMF(International Monetary Fund:国際通貨基金)とともに設立されている。世界最大の援助金融機関で,その本部をワシントンに置いている。国連専門機関の1つで184のメンバー国により組織されている。主業務は貧困緩和に貢献することを目的として,途上国における経済的に健全かつ優先度の高いプロジェクトに対して資金援助を供与することである。借入人は,世界銀行加盟国政府もしくは世界銀行加盟国政府機関および民間企業(ただし,この場合加盟国政府の保証が必要)となっている。また,「世界銀行」という名称は,国際復興開発銀行(International Bank for Reconstruction and Development:IBRD)と国際開発協会(International Development Association:IDA)の2つの機関を含めた総称で,組織上は,世界銀行は2つの機関よりなっている。しかし,それぞれに職員が配置されているわけではなく,開発途上国の経済状況による貸出融資条件の違いにより,どちらの機関を通して貸出融資を実施するのかが決まる。職員には,エコノミスト,エネルギー,農業,灌漑,道路,運輸,環境,都市問題等の各種技術者がいる。国際復興開発銀行の行う貸出はLoan(貸付),国際開発協会の行う貸出はCredit(融資)と呼ばれている。世界銀行の姉妹機関として,「世界銀行グループ」内に国際金融公社(International Finance Corporation:以下,IFCする)と多国間投資保証機構(Multilateral Investment Guarantee Agency:以下,MIGAとする)の2機関がある。IFCは,途上国の経済開発を促進することを目的に,途上国の民間部門を対象に投融資を行っている。MIGAは,外国民間投資家による途上国における投資促進を図るために,投資に伴う非商業リスク(政治的なリスク)を保証することを主業務としている。(出典:世界銀行東京事務所「世界銀行のレンディング・オペレーション」(2005年)9~11頁に基づき作成)

(注16)　当該ガイダンスは,15年ぶりに2016年に9月に更新され,拡大生産者責任政策を導入するうえでの留意事項やガイダンスをまとめた"Extended Producer Responsibility—Updated Guidance for Efficient Waste Management"が発表されている。

(注17)　新潟県に建設が予定された巻原子力発電所など,住人などの強い反対で中止になった例はある。

(注18)　当該法令ではわずか28物質のみが定められている。

〈資料〉

## 環境保全に関する主要な変遷

　科学技術の発展により環境汚染・破壊が深刻となってきた19世紀終わりからの環境問題の発生と対処検討の主要な変遷を次の資料表に示す。

資料表　19世紀以降の主要な環境問題発生と対処・検討の変遷（〜2019年3月現在）

| 年 | （地域）環境汚染 | 広域または地球環境問題 | 対処の検討 |
|---|---|---|---|
| 1880 | 1880年〜<br>▶足尾鉱山鉱毒事件<br>1881年<br>▶大阪アルカリ事件(a) | | |
| 1900 | 1912年〜<br>▶イタイイタイ病事件(b) | | |
| 1920 | 1936〜1965年<br>▶新潟水俣病事件(c)<br>1952〜1960年<br>▶熊本水俣病事件(d) | | |
| 1940 | 1950年代<br>▶英国・ロンドン，スモッグ事件(e)<br>1958年<br>▶浦安漁民騒動事件(f) | | 1950年▶K.W.カップ「社会的費用」を主張 |
| 1960 | 1960年代<br>▶アスベスト汚染報告(g)<br>1961年頃〜<br>▶四日市ぜん息事件(h) | | 1962年▶レイチェル・カーソン『沈黙の春』<br>1967年▶日本，環境庁設置<br>1972年<br>▶OECD「汚染者負担の原則」発表<br>▶国連人間環境会議，国連環境計画設立 |
| | | 1976年▶イタリア，セベソ事件(i) | 1977年<br>▶エイモリー・ロビンス『ソフトエネルギーパス』発表 |
| | | 1979年▶長距離越境大気汚染条約(j)酸性雨問題 | 1979年▶WMOで気候変動に関しての検討開始 |
| 1980 | | 1984年▶インド，ボパール汚染事件(k) | 1982年<br>▶ケニア・ナイロビ会議 |

| 年 | （地域）環境汚染 | 広域または地球環境問題 | 対処の検討 |
|---|---|---|---|
| 1985 | | 1985年<br>▶オゾンホール確認(l)<br><br>1986年<br>▶ライン川汚染事件(m)<br>▶チェルノブイリ原子力発電所事故(n) | 1985年<br>▶オゾン層保護のためのウィーン条約採択<br><br><br><br><br>1987年<br>▶モントリオール議定書採択<br>1988年▶カナダ・トロント「変化しつつある大気圏に関する国際会議」(o) |
| 1990 | | | 1990年<br>▶IPCC第一次報告書発表<br>1992年▶国連環境と開発に関する会議<br>1993年<br>▶バーゼル条約発効<br>▶生物多様性条約発効<br>1994年▶気候変動に関する国際連合枠組条約発効 |
| 1995<br>1996 | | | 1996年<br>▶ISO14000s制定，認証開始<br>▶シーア・コルボーンら『奪われし未来』（環境ホルモン）<br>1997年<br>▶京都議定書採択<br>▶OECD「PRTR勧告」(p) |
| 2000 | | | 2000年▶GRIの最初のガイドライン発表(t) |
| 2001 | | | 2001年<br>▶MDGs発効（〜2015年） |
| 2002 | | | 2002年▶南アフリカ・ヨハネスブルグ会議 |
| 2003 | | 2003年▶欧州で熱波(r)，（イラク戦争） | 2003年▶カルタヘナ議定書発効(u)，RoHS指令発効（EU） |
| 2004<br>2005 | 2005年<br>▶多数のアスベスト被害者の存在を確認(q) | 2005年▶米国ハリケーン・カトリーナによる大災害 | 2005年▶京都議定書発効，日本政府「京都議定書目標達成計画」発表 |

| 年 | （地域）環境汚染 | 広域または地球環境問題 | 対処の検討 |
|---|---|---|---|
| 2006 | ▶世界各地で金のマテリアルリサイクルなどに使用する水銀による汚染被害 | | |
| 2007 | | | 2007年▶IPCC第4次報告書発表 |
| 2008 | | 2008年▶日本でこれまでの最高気温更新(s) | 2008〜2012年 京都議定書第一約束期間 |
| 2009 | | | |
| 2010 | | | 2010年 ▶生物多様性条約-名古屋議定書（愛知目標）採択 |
| 2011 | | 2011年▶東日本大震災-東京電力第一原子力発電所事故（広域放射性物質汚染） | |
| 2012 | | | 2012年 ▶国連持続可能な開発会議(v) ▶日本，新たに原子力防災会議，原子力規制委員会（事務局：原子力規制庁）設置 |
| 2013 | | | 2013〜2014年 ▶IPCC第5次報告書発表 |
| 2014 | | | |
| 2015 | | | |
| 2016 | 2016年 ▶豊洲市場地下汚染発覚 | 2016年 ▶フォルクスワーゲン等NOx排気偽装事件 ▶三菱自動車等燃費偽装事件 | 2016年 ▶SDGs発効（〜2030年） ▶気候変動に関する国連枠組み条約，パリ協定発効 ▶G20サミットでグリーンファイナンス推進確認 |
| 2017 | | | 2017年 ▶水銀に関する水俣条約発効 |
| 2018 | | 2018年▶日本でこれまでの最高気温更新(41.1℃) | |

※表の注釈

(a) 1881年（明治14年）から硫酸製造，銅製錬を行ってきた工場で，亜硫酸，硫酸ガスが排出され，周辺の農作物（稲作，麦作）に甚大な被害を発生させた（大阪アルカリ事件［大判大正5年12月22日・民録22・2474］）。亜硫酸ガス，硫酸ガスは，強い酸性の化学物質で，腐食性が極めて高いため，急性的に被害が顕在化した。本事件の大審院1916年（大正5年）民事部判決では，「化学工業に従事

する会社その他の者が其の目的たる事業によりて生ずることあるべき損害を予防するがため右事業の性質に従い相当なる設備を施したる以上は隅々他人に損害を被らしめるも之を以て不法行為者としてその損害賠償の責に任ぜしむることを得ざるものとする」と示された。すなわち，公害を発生させた工場が社会的に一般的とされる公害防止設備を設けていれば許されると判断された。当時（大正5年）は，わが国は富国強兵策をとっており，政策的な価値判断から環境保全より産業活動を優先させたといえる。

(b) 富山県神通川では，上流（高原川）の岐阜県神岡町にあった三井金属鉱業株式会社神岡鉱業所（亜鉛の精製等）からカドミウムを含んだ廃水が大正から昭和20年代まで放流され，下流の水田などの土壌に蓄積した。カドミウムは食物濃縮された後人間に摂取され，公害病であるイタイイタイ病を発生させた。イタイイタイ病事件（名古屋高裁金沢支判昭和47年8月9日・判時674・25）は，鉱業法第109条に基づく，無過失責任のもとでの訴訟であったため，被告企業が排出したカドミウムが原因物質であったかどうかが中心に争われた。判決では，「およそ，公害訴訟における因果関係の存否を判断するに当たっては，企業活動に伴って発生する大気汚染，水質汚濁等による被害は空間的にも広く，時間的にも長く隔たった不特定多数の広範囲に及ぶことが多いことに鑑み，臨床医学や病理学の側面からの検討のみによっては因果関係の解明が十分達せられない場合においても，疫学を活用していわゆる疫学的因果関係が証明された場合には原因物質が証明されたものとして，法的因果関係も存在するものと解するのが相当である」と示され，疫学調査結果が因果関係の証明となり得ることが認められた。

(c) 新潟県東蒲原郡鹿瀬町（現　阿賀町）に昭和初期に昭和肥料（現　昭和電工）鹿瀬工場が進出し，アセトアルデヒド製造工程から放出された工場排水に含有されたメチル水銀化合物が阿賀野川を汚染し，魚によって食物濃縮された。そして1960年代に阿賀野川流域の魚を摂取した者に水俣病の発生が確認された。1992年現在でも跡地土壌から水銀2000mg/lの濃度が確認されている。

新潟水俣病事件新潟地裁判決（新潟地判昭46年9月29日・下民集22-9・10別冊-1）では，汚染の予見義務として「化学企業が製造工程から生ずる廃水を一般河川等に放出して処理しようとする場合は，最高の調査技術を用い，排水中の有害物質の有無，その程度，性質等を調査し，これが結果に基づいて，いやしくもこれがため生物や同河川を利用している沿岸住民に危害を加えることのないよう万全の措置をとるべきである。」とされ，厳しい注意義務が課されている。

(d) この事件は，1958年9月頃から1960年8月頃まで日本窒素肥料（現　チッソ）株式会社水俣工場が，塩化メチル水銀を含む工場廃水を熊本県水俣川河口海域に排水させたことによって発生したものである。政府によって公害病として認定されたのは，1968年とかなり遅れている。また，チッソが倒産すると被害者に損害賠償金が支払えなくなることから，熊本県は県債を発行して援助している。熊本水俣病事件刑事事件（最判昭和63年2月29日・刑集42・2・314）では，水俣病汚染を発生させた日本窒素肥料株式会社代表取締役（当時）および同社水俣工場長に対して，業務上過失過失致死罪（刑法第211条）で有罪（禁錮3年執行猶予3年）となった。

(e) ロンドンの家庭では，石炭を使用した暖炉が広く用いられたため，石炭の成分のイオウが燃焼して生成するイオウ酸化物が，スモッグとなって環境汚染を発生させた。英国では，その対処として1956年に大気浄化法（Clean Air Act）が制定された。

(f) 東京都江戸川区の製紙工場（本州製紙工場江戸川工場）から有害物質（酢酸アンモニア）を含んだ排水が流され，江戸川水系の漁業に被害を与えたことに抗議して，1958年6月10日東京湾浦安の漁民が当該工場に押しかけた。数百人の警官隊との衝突の際に，百数十人にものぼる負傷者を出している。事前（同年4月17日）に，町，製紙工場，千葉県の三者の立ち会いで実態調査が行われ，町から製紙工場へ汚水流出の中止を申し入れ（同年4月22日），千葉県から東京都（本州製紙は東京都側の江戸川沿岸にある）へ「水質検査が終わるまで汚水流出を禁止する処置をとるよう」申し入

れたが，工場は無害を主張し，流出を止めようとはしなかった（1958年6月12日東京新聞）。このため，漁民の感情が爆発したと考えられる。この事件がきっかけとなり，1958年12月25日に水質保全のための法律（「公共用水域の水質の保全に関する法律」および「工場排水等の規制に関する規制」）が公布され，わが国で最初の公害法が制定された。この法律は後に水質汚濁防止法（1970年12月25日公布）となっている。

(g) 1960年代から石綿取扱い労働者および家族に発生していたことが報告されている。米国のアスベストメーカー大手のマンビル（Manville）社が，「アスベストの有害性を何十年も前から認知しながら無視して製造を続け，労働者や消費者の健康を危険に曝したとのこと」で提訴され，製造物責任法に基づき高額の懲罰的賠償が命じられた。翌年の1982年にマンビル社は，過去および将来の賠償金の負担に耐えることができず破産の申し立てを行い倒産した。欧州では，ノルウェー，スウェーデン，フィンランド，デンマーク，スイス，イタリア，オランダ，ドイツおよびフランスがアスベストの使用を禁止している。

(h) 三重県四日市市磯津地区に三菱モンサント他6社のコンビナートが本格的操業に入った1958年から1960年頃に閉息性肺疾患が多発した公害事件である。ばい煙（イオウ酸化物含有）によるアレルギー被害（閉息性肺疾患）を及ぼした当該四日市ぜん息事件（津地四日市支判昭和47年7月24日・判時696・15）では，複数の企業から排出された汚染物質が被害の原因となった（共同不法行為）。被害の発生に関して，複数の企業がそれぞれにどのくらい寄与しているのかを決めることは難しく，判決では汚染に関連性がある企業6社に被害の責任を負わせた（共同不法行為）。判決では発生源が広く複合的なことから因果関係の証明に疫学等の統計手法が作用されていることが注目された。疫学調査は，イタイイタイ病事件判決でも採用されている。

(i) 1976年7月10日深夜にイタリア・ロンバルディアのミラノ市近くのセベソ（seveso）で農薬工場（スイスのホフマン・ラ・ロッシュの子会社イクメサ社［icmesa］，工場は隣接地のメダ［meda］に立地していた）の爆発事故により周辺に極めて有害な2,3,7,8-TCDD（最も有害性が強いダイオキシン類）が放出される汚染事件が発生した。広範囲な居住地区（セベソ，メダ，チェサノ［cesano］，デシオ［desio］）にダイオキシン類が飛散し，家畜などの大量死や，2,3,7,8-TCDDの高濃度暴露によると考えられる人への皮膚炎などが確認された。また，高濃度の汚染を受けた地域の700名以上が長期間にわたり強制疎開させられた。

　人への健康被害として，翌年集団の流産被害が発生し，その後も長期間にわたり健康被害が多発している。この他，事故で汚染された地域に住んでいた人に，血液，肝臓および骨のがんの発症率が高く，循環系，呼吸器系および消化器系の疾病，糖尿病および高血圧症での死亡率が高いことが報告されている。ダイオキシン類は水には難溶性（水に溶けにくい）であるため，近くの湖にその事故廃棄物を投棄されたが，ダイオキシン類は極めて微量でも人体に障害を発生させるため被害が拡大した。

(j) 1979年に国連欧州経済委員会（United Nations Economic Commission for Europe：UNECE）は，1979年に「長距離越境大気汚染条約」を採択し，1983年に発効している。この条約では，各国に酸性雨を防止するために，国境を越えるような大気汚染抑制政策の実施を求めている。その内容は，イオウ酸化物発生抑制技術の開発，国際協力，酸性雨のモニタリング，情報交換の推進などが定められている。その後，国連欧州経済委員会に所属する各国は，1985年にイオウ酸化物の対策を取り上げた「イオウ排出または越境移動の最低30％削減に関する1979年長距離越境大気汚染条約議定書（通称 ヘルシンキ議定書）」（21カ国署名）を採択し，1987年に発効している。ヘルシンキ議定書では，1980年のイオウの排出量を基準に，1993年までに少なくとも30％削減することを定めている。また，1988年には，「窒素酸化物排出または越境移動の抑制に関する1979年長距離越境大気汚染条約議定書（通称 ソフィア議定書）」（25カ国署名）を採択し，1991年に発効している。ソフィア議定書では，

1994年までに1987年の窒素酸化物排出量に凍結することおよび新規施設と自動車に対しては経済的に使用可能な最良の技術に基づく排出基準を定めなければならないことを規定した。

(k) 1984年12月2日（〜3日）の深夜，インドのマドラプラデン州ボパール市の農薬工場（ユニオンカーバイド・インディア社）から貯槽中の極めて有害なメチルイソシアネート（CH3NCO）が漏洩し，その毒性により死者2,000人以上，被災者20万人以上を出した。その後のフランスの研究者の調査では，1万6千人が死亡，50万人が被災したとの報告もある。メチルイソシアネートは，微量の被曝で眼，呼吸器官を刺激し，窒息，一時失明をまねく。被曝量が大きいと，眼の角膜細胞が破壊されて永久失明したり，肺細胞からの水の浸出などで窒息死をまねく極めて有害な化学物質である。有害物質は，爆発によって大気中に噴出し，ボパール市全体に広がってしまった。インドでは，牛が聖なる動物として街中に悠然と歩いており，多くの動物が生息しているが，この有害物質の放出ですべて死んでしまった。

事故を発生させたユニオンカーバイド・インディア社は，以前はインドでも有数の優良企業であったが，農薬の販売不振で経営危機となり，当該工場も売却が決まっていた。その結果，安全対策，教育訓練に十分に経費をかけようとしなかったと考えられる。現在は，親会社の米国のユニオンカーバイド社もこの事件がきっかけとなって倒産している。米国では，この事件およびその数ヵ月後にウェストヴァージニア州にあるユニオンカーバイド社の工場で爆発事故が発生したことから，国内の事故による有害物質汚染防止のための立法を望む声が高まり，スーパーファンド法に追加規制の形で1986年に定められた。この規制は，「事故計画及び一般公衆の知る権利法（Emergency Planning and Community Right to Know Act；EPCRA）」と名付けられ，事故時の対処が必要とされる約420物質について工場内に存在する量および有害性等性質に関して住民が知ることができる権利，いわゆる「知る権利（right to know）」を認めている。

(l) 1985年10月には，NASAの人工衛星ニンバス7号によって南極上空に南極を覆うように円形状のオゾンホールがあることが確認されている。また，英国の南極観測施設ハレー基地のJ.C.ファーマンらによってその存在が観測されている。この観測では，南極上空のオゾン量が1970年代に比べ40％以上減少していることが確認された。最近では，北極圏上空やチベットの上空にもオゾンホールが発生することが観測されている。オゾン層が薄くなると地上に到達する紫外線の量が増加し，人だけでなく陸上の生物全体に悪影響が発生する。特にオゾンホールが発生している極地方の被害が大きい。

(m) 1986年11月1日未明に，スイス，バーゼル市（バーゼルシュタット・半カントン州）郊外シュヴァイツァーハレにあるサンド（sandoz）社化学プラントの化学薬品倉庫で火災が起こり，大量の化学物質がライン川に流出するという事故が発生した。水銀化合物，殺虫剤・除草剤など30トン弱の有毒な化学物質が川に流れ出し，約50万匹の魚が死に，西ドイツ，フランス，オランダでは水道水としての取水が一時できなくなり，水道が使用できなくなる大惨事となった。

(n) 1986年4月26日にウクライナの首都近郊のチェルノブイリ原子力発電所で発生した爆発事故では，広島型原爆の500倍の放射性汚染を引き起こした。ウクライナ，ベラルーシ，ロシアで500万人以上が被曝し，100万人以上が移住し，食品への放射性物質の混入や放射性物質の飛散など，環境バランスを大きく変化させた事件である

(o) 気候変動は，地球の寒冷化が原因であるとする説が主流だったが，この会議以降地球温暖化による気候変動説が主流となった。会議の結果を受けて，WMO（World Meteorological Organization：世界気候機関）と国連環境計画（UNEP）の指導のもとに，気候変動に関する政府間パネル（Intergovernmental Panel on Climate Change；IPCC）が設置されている。

(p) PRTRとは，'Pollutant Release and Transfer Register'のことである。

(q) 2005年2月に石綿障害予防規則が制定され社会的注目が高まった。

(r) 2003年夏期に欧州では異常な高温が続き，欧州全域に熱波（気温が上昇し持続する現象のこと）による熱中症など健康被害が発生した。欧州全体で約3万5千人が死亡したとされている。特にフランスの被害が深刻で，熱波が約2ヵ月間続き，パリでは38度を数回記録し，40℃を超えることもあった。フランス国内だけで約1万5千名が亡くなった。

(s) 地球規模でエルニーニョ現象が発生していた2007年8月16日に，岐阜県多治見市と埼玉県熊谷市で観測史上最高となる気温40.9℃が観測された。74年ぶりの最高気温の更新となった。エルニーニョ現象は，貿易風が弱くなったことで赤道付近の太平洋の海面温度が変化するもので，この時点までは5年に一度規則的に発生していたが，このあと2年連続発生した後，不規則に発生するようになってきている。エルニーニョ現象は地球規模の気象に影響を与えるため，「気候変動に関する国連枠組み条約」締約国会議の基礎資料を作成しているIPCC（Intergovernmental Panel on Climate Change：気候変動における政府間パネル）など地球環境研究組織では，気候変動について検討を進めている。

日本では，わずか約6年後の2013年8月12日に高知県四万十市江川崎地域で41.0℃を記録し，さらにその5年後の2018年7月23日に埼玉県熊谷市で41.1℃を記録し短期間に次々と最高気温を更新している。

(t) GRI（Global Reporting Initiative）は，1997年に国連環境計画（UNEP）およびCERES（Coalition for Environmentally Responsible Economies）の呼びかけにより，持続可能な発展のための世界経済人会議（WBCSD），公認会計士勅許協会（Association of Chartered Certified Accountants：ACCA），カナダ勅許会計士協会（Canadian Institute of Chartered Acountants：CICA）などが参加して設立された。2002年4月上旬には，国際連合本部で正式に恒久機関として発足している。GRIは，企業環境レポートの国際的ガイドラインとしての「持続可能性報告のガイドライン」の作成を目標としている。当該ガイドラインは，報告組織が持続可能な社会に向けてどのように貢献しているかを明確にし，組織自身やステークホルダーにもそのことを理解しやすくすることを目的としている。最初のガイドラインは2000年6月に発行され，その後2002年11月に改定版が発表されている。報告を行う対象は，企業，政府，NGOなどを含むすべての組織となっている。

(u) 生物多様性に基づいて，遺伝子の知的財産権や遺伝子操作について規制した公式文書である。

(v) ブラジル・リオデジャネイロで再度環境サミットである「国連持続可能な開発会議（United Nations Conference on Sustainable Development：UNCSD），リオ＋20」が開催された。20年前に同地が途上国だった1992年にも「国連環境と開発に関する会議」が開催されているが，このときはブラジルは工業新興国BRIICSの1つとなっており，国際的に経済力がかなり強くなっている。当該会議では，経済，社会および環境の3つの側面で議論が行われ，「持続可能な開発及び貧困根絶の文脈におけるグリーン経済（グリーン経済）」が主なテーマとなった。わが国やブータンなどが新たに提案したGDP（Gross Domestic Product）に変わる豊かさの指標「幸福度」は，途上国から経済成長の足かせになるとの理由から採択文書から削除された。依然，先進国と開発途上国との確執があり，自ら大きな途上国と称した中国の影響力が非常に強くなり議論は紛糾した。

## 参 考 文 献

(1) アル・ゴア，小杉隆訳『地球の掟——文明と環境のバランスを求めて』（ダイヤモンド社，1992年）
(2) アル・ゴア，枝廣淳子訳『不都合な真実』（ランダムハウス講談社，2007年）
(3) ウォルター・アルヴァレズ，月森左知訳『絶滅のクレーター——T・レックス最後の日』（新評論，1997年）
(4) エルンスト・U・フォン・ワイツゼッカー，エイモリー・B・ロビンス，L・ハンター・ロビンス，佐々木建訳『ファクター4』（省エネルギーセンター，1998年）
(5) エルンスト・U・フォン・ワイツゼッカー，宮本憲一，楠田貢典，佐々木建監訳『地球環境政策』（有斐閣，1994年）
(6) 科学技術庁研究開発局ライフサイエンス課編「組換え実験指針」（1987年）
(7) 勝田悟「化学物質セーフティデータシート」（未来工学研究所，1992年）
(8) 勝田悟『環境情報の公開と評価——環境コミュニケーションとCSR』（中央経済社，2004年）
(9) 勝田悟『私たちの住む地球の将来を考える——生活環境とリスク』（産業能率大学出版部，2015年）
(10) 勝田悟『環境政策——経済成長・科学技術の発展と地球環境マネジネント』（中央経済社，2010年）
(11) 勝田悟『グリーンサイエンス』（法律文化社，2012年）
(12) 勝田悟『原子力の環境責任』（中央経済社，2013年）
(13) 勝田悟『環境保護制度の基礎（第3版）』（法律文化社，2015年）
(14) 勝田悟『環境責任』（中央経済社，2016年）
(15) 勝田悟『環境概論（第2版）』（中央経済社，2017年）
(16) 勝田悟『環境学の基本　第3版』（産業能率大学，2018年）
(17) 環境省，文部科学省，農林水産省，国土交通省，気象庁『気候変動の観測・予測及び影響評価統合レポート2018　〜日本の気候変動とその影響〜　2018年2月』（2018年）
(18) 環境省資料「水銀に関する水俣条約の概要」（2013年）
(19) 環境省資料「海洋プラスチック問題について」（2018年）
(20) 環境省（2014年8月版）『IPCC第5次評価報告書の概要——第3作業部会（気候変動の緩和）』（2014年）
(21) 環境省資料『世界・日本のグリーンボンド概況』（2016年）
(22) 環境庁，外務省監訳『アジェンダ21——持続可能な開発のための人類の行動計画（'92地球サミット採択文書』（海外環境協力センター，1993年）
(23) 環境と開発に関する世界委員会『地球の未来を守るために Our Commom Future』（福武書店，1987年）
(24) 外務省国際連合局経済課地球環境室編『地球環境宣言集』（大蔵省印刷局，1991年）
(25) 経済産業省資源エネルギー庁長官官房総務課『2018年計政府統計　石油等消費動態統計月報 平成30年計 Total-C.Y.2018』（2019年）
(26) K.W.カップ，篠原泰三訳『私的企業と社会的費用』（岩波書店，1959年）
(27) K.W.カップ，柴田徳衛，鈴木正俊訳『環境破壊と社会的費用』（岩波書店，1975年）
(28) ガレット・ハーディン，松井巻之助訳『地球に生きる倫理——宇宙船ビーグル号の旅から』（佑学社，1975年）

⑵⁹ ガレット・ハーディン，竹内靖雄訳『サバイバル・ストラテジー』（思索社，1983年）
⑶⁰ ガブリエル・ウォーカー，川上紳一監修，渡会圭子訳『スノーボール・アース』（早川書房，2004年）
⑶¹ 気候変動に関する政府間パネル（IPCC），気象庁訳（2015年1月20日版）「気候変動2013：自然科学的根拠　第5次評価報告書　第1作業部会報告書　政策決定者向け要約」（2013年）
⑶² 気候変動に関する政府間パネル（IPCC），環境省訳（2014年10月31日版）「気候変動2014：影響，適応及び脆弱性　第5次評価報告書　第2作業部会報告書　政策決定者向け要約」（2014年）
⑶³ 岸上伸啓編著『捕鯨の文化人類学』（成山堂書店，2012年）
⑶⁴ 国際連合「我々の世界を変革する：持続可能な開発のための2030アジェンダ　国連文書A/70/L.1」（2015年）
⑶⁵ 国際自然保護連合，国連環境計画，世界自然保護基金　世界自然保護基金日本委員会訳『かけがえのない地球を大切に—新・世界環境保全戦略』（小学館，1992年）
⑶⁶ 国際連合広報センター「リオ＋20 国連持続可能な開発会議：私たちが望む未来（The Future We Want）」（2012年）
⑶⁷ 国連開発計画『人間開発』（2003年）
⑶⁸ 国立科学博物館『日本の鉱山文化』（科学博物館後援会，1996年）
⑶⁹ 水産庁「水産資源の希少性評価結果」（2017年）
⑷⁰ 佐々木稔編著，赤沼英男，神崎勝，五十川伸矢，古瀬清秀『鉄と銅の生産の歴史（増補改訂版）』（雄山閣，2009年）
⑷¹ シーア・コルボーン，ダイアン・ダマノスキ，ジョン・ピーターソン・マイヤース，長尾力訳『奪われし未来』（翔泳社，1997年）
⑷² ステファン・シュミットハイニー，フェデリコ・J・L・ゾラキン，世界環境経済人協議会（WBCSD），天野明弘，加藤秀樹監修，環境と金融に関する研究会訳『金融市場と地球環境—持続可能な発展のためのファイナンス革命』（ダイヤモンド社，1997年）
⑷³ ステファン・シュミットハイニー，持続可能な開発のための経済人会議（BCSD），BCSD日本ワーキンググループ訳『チェンジング・コース』（ダイヤモンド社，1992年）
⑷⁴ F.シュミット・ブレーク，佐々木建訳『ファクター10』（シュプリンガー・フェアラーク東京，1997年）
⑷⁵ 千代木琢磨，勝田悟『文科系学生のための科学と技術「光と影」』（中央経済社，2004年）
⑷⁶ ドネラ・H・メドウズ，デニス・L・メドウズ，ヨルゲン・ランダース，ウィリアム・W・ベアレンズ3世『成長の限界—ローマ・クラブ「人類の危機」レポート』（ダイヤモンド社，1972年）
⑷⁷ ドネラ・H・メドウズ，デニス・L・メドウズ，ヨルゲン・ランダース，松橋隆治，村井昌子訳，茅陽一監訳『限界を超えて—生きるための選択』（ダイヤモンド社，1992年）
⑷⁸ ドネラ・H・メドウズ，デニス・L・メドウズ，ヨルゲン・ランダース，枝廣淳子訳『成長の限界　人類の選択』（ダイヤモンド社，2005年）
⑷⁹ R.バックミンスター・フラー，芹沢高志訳『宇宙船地球号　操縦マニュアル』（筑摩書房，2000年）
⑸⁰ 新居浜市『未来への鉱脈—別子銅山と近代化遺産（第4版）』（2012年）

⑸1 日本総務省統計局「世界の統計 2018」（2018年）
⑸2 レイチェル・カーソン，青樹簗一訳『沈黙の春』（新潮社，1962年）
⑸3 勝田悟「化学物質に関する環境情報の調査義務」矢崎幸生編集代表『現代先端法学の展開〔田島裕教授記念〕』（信山社，2001年）99-126頁．
⑸4 和鋼博物館『和鋼博物館 改訂版』（2007年）
⑸5 OECD編，環境省総合環境政策局環境計画課企画調査室監訳『OECDレポート 日本の環境政策』（中央法規出版，2011年）
⑸6 Gesetz uber die Einspeisung von Strom aus erneuerbaren Energien in das offentliche Netz（Stromeinsp eisungsgesetz）vom 7. Dezember 1990（BGBl. I S.2633）.
⑸7 Gesetz fur den Vorrang Erneuerbarer Energien（Erneuerbare-Energien-Gesetz - EEG）vom 29. Marz 2000（BGBl.I S.305）
⑸8 UNEP "Radiation Dose Effects Risks（1985）" 日本語訳：吉澤康雄，草間朋子「放射線，その線量，影響，リスク」（同文書院，1988年）
⑸9 UNEP "Technical Background Report to the Global Atmospheric Mercury Assessment"（2008）
⑹0 UNDP『人間開発報告書（Human Development Report：HDR）』（1990年）
⑹1 UNDP『人間開発報告書 2013　南の台頭―多様な世界における人間開発』（2013年）
⑹2 Michael E. Potter and Mark R. Kramer, "Creating Shared Value" HBR January-February 2011.
⑹3 ガレット・ハーディン「共有地の悲劇」サイエンス誌，162巻，3859号（1968年12月13日号），1243頁～1248頁．

【参考インターネットURL】
⑴ WMO 〈https://public.wmo.int/en/〉
⑵ 国連広報 〈http://www.unic.or.jp/〉
⑶ The U.S. Securities and Exchange Commission 〈https://www.sec.gov/〉
⑷ OECD 〈https://www.oecd.org/〉
⑸ ナショナル ジオグラフィック 〈https://natgeo.nikkeibp.co.jp/〉
⑹ 外務省 〈http://www.mofa.go.jp/〉
⑺ 国土交通省気象庁「各種データ・資料」〈http://www.data.jma.go.jp/obd/stats/〉
⑻ 環境省 〈http://www.env.go.jp/policy/hakusyo/s58/index.html/〉
⑼ 農林水産省 〈http://www.maff.go.jp/〉
⑽ 経済産業省資源エネルギー庁 〈http://www.enecho.meti.go.jp/〉
⑾ 総務省 〈http://www.soumu.go.jp/〉
⑿ 林野庁 〈http://www.rinya.maff.go.jp/〉
⒀ 国立研究開発法人農業生物資源研究所 遺伝子組換え研究センター　遺伝子組換え研究推進室 〈http://www.naro.affrc.go.jp/archive/nias/gmogmo/information/law.html/〉
⒁ 公益財団法人 日本容器包装リサイクル協会 〈https://www.jcpra.or.jp/〉
⒂ キチン・キトサン学会 〈http://jscc.kenkyuukai.jp/〉
⒃ 生物多様性センター 〈http://www.biodic.go.jp/〉

# 索　引

## 【欧文】

- 3TG ································ 55
- BOD ································ 131
- BWR ································ 163
- CERCLA ···························· 121
- CFRP ······························· 42
- CNF ································ 43
- COD ································ 131
- CSR ································ 113
- DDT ································ 84
- EPCRA ····························· 157
- EPR ································ 141
- ESG ································ 30
- ETS ································ 126
- IPCC ······························· 70
- IPP ································ 37
- IUCN ······························· 76
- LCM ································ 137
- NIOSH ······························ 53
- PA ································· ii
- POPs ······························· 86
- PPS ································ 37
- PRTR ······························· 111
- PSR ································ 144
- PWR ································ 163
- REACH規制 ························· 121
- RoHS指令 ·························· 97
- RPF ································ 31
- RTECS ······························ 53
- SARA ······························· 121
- SRI ································ 113
- WHO ································ 73

## 【あ】

- アマルガム技法 ···················· 58
- アル・ゴア ························ 110
- アンモナイト ······················ 3
- イエローストーン国立公園 ········· 2
- 磯津漁民一揆 ······················ 103
- 一酸化二窒素 ······················ 25
- イデユコゴメ ······················ 2
- 遺伝子組換え食品 ·················· 85
- 遺伝資源へのアクセスと利益配分 ··· 85
- インシュリン ······················ 43
- インターロイキン ·················· 43
- インターロック ···················· 160
- 宇宙条約 ·························· 63
- 宇宙船地球号 ······················ 66
- 奪われし未来 ······················ 110
- 浦安漁民騒動事件 ·················· 29
- 上乗せ規制 ························ 132
- エコダンピング ···················· 118
- エコファーマー ···················· 90
- エコリュックサック ················ 52
- エルニーニョ現象 ·················· 70
- エンドオブパイプ対策 ·············· 111
- エンリコ・フェルミ ················ 7
- 黄銅鉱 ···························· 57
- オークリッジ国立研究所 ············ 21
- オッペンハイマー ·················· 7

## 【か】

- 外来生物法 ························ 152
- 拡大生産者責任 ···················· 141
- カスケードリサイクル ·············· 31
- 仮想水 ···························· 71

| | |
|---|---|
| 家畜排せつ物リサイクル法 | 24 |
| カーボンニュートラル | 14 |
| カーボンネガティブ | 14 |
| カーボンフットプリント | 91 |
| カーボンポジティブ | 14 |
| 環境基本法 | 114 |
| 環境税 | 28 |
| 環境ホルモン | 109 |
| カンブリア爆発 | 3 |
| 気候変動に関する国際連合枠組条約 | 16 |
| キチン | 41 |
| 京都議定書 | 16 |
| 金融危機 | 164 |
| 国等による環境物品等の調達の推進等に関する法律 | 127 |
| グリーンケミストリー | 52 |
| グリーンファイナンス | 9 |
| ケミカルリサイクル | 37 |
| 原子効率 | 52 |
| 原子力規制委員会設置法 | 162 |
| 公害健康被害補償等に関する法律 | 104 |
| 光化学スモッグ | 135 |
| 公共用水域の水質の保全に関する法律 | 29 |
| 工場排水等の規制に関する規制 | 29 |
| 黒液 | 29 |
| 国際原子力事象評価尺度 | 161 |
| 国連環境と開発に関する会議 | 146 |
| コージェネレーション | 127 |
| コーデックス委員会 | 47, 87 |
| コモンズ保存協会 | 67 |

## 【さ】

| | |
|---|---|
| 里海 | 48 |
| 里川 | 48 |
| 里山 | 48 |
| サーマルリサイクル | 36 |
| 三葉虫 | 2 |

| | |
|---|---|
| シーア・コルボーン | 109 |
| シアノバクテリア | 12 |
| 資源の有効な利用の促進に関する法律 | 37 |
| 持続性の高い農業生産方式の導入の促進に関する法律 | 89 |
| 社会的コスト | 107 |
| 硝酸性窒素 | 19 |
| 消防法 | 158 |
| 食品衛生法 | 43 |
| 食品循環資源の再生利用等の促進に関する法律 | 28 |
| 食料自給率 | 81 |
| 新エネルギーの利用等の促進に関する特別措置法 | 23 |
| 森林の間伐等の実施の促進に関する特別措置法 | 15 |
| 水銀に関する水俣条約 | 58 |
| 水質汚濁防止法 | 29 |
| 水平リサイクル | 31 |
| ストロマトライト | 12 |
| スノーボールアース | 1 |
| スーパーファンド法 | 121 |
| スペースデブリ | 8 |
| スマートグリッド | 128 |
| 製造物責任 | 104 |
| 生物多様性条約 | 20 |
| 生分解性プラスチック | 13 |
| 世界の文化遺産および自然遺産の保護に関する条約 | 66 |
| 石炭化学 | 40 |
| 石油化学 | 40 |
| 殺生石 | 98 |
| セルロイド | 38 |
| セルロース | 29 |

## 【た】

| | |
|---|---|
| ダイオキシン類対策特別措置法 | 140 |

大量破壊兵器……………………………… 7
ダークエネルギー………………………… 8
ダークマター……………………………… 8
田子の浦ヘドロ事件……………………… 29
タタラ鉄…………………………………… 18
沈黙の春…………………………………… 109
デュアルシステムドイチュランド社… 36
デューディリジェンス・ガイダンス… 55
電気事業者による再生可能エネルギー
　電気の調達に関する特別措置法……… 26
ドッド・フランク法……………………… 55

【な】

ナイロン…………………………………… 39
ナショナルトラスト……………………… 67
南極条約…………………………………… 62
燃料電池自動車…………………………… 137
農薬取締法………………………………… 86
農林物資の規格化及び品質表示の
　適正化に関する法律……………… 43, 89

【は】

バイオスフェアⅡ………………………… 4
バイオセーフティに関するカルタヘナ
　議定書…………………………………… 85
バイオマス発電…………………………… 33
バイキング………………………………… 65
ファクター4……………………………… 52
フィードインタリフ……………………… 26
フードマイレージ………………………… 68
フールプルーフ…………………………… 160

フェールセーフ…………………………… 160
福島第一原子力発電所…………………… 5
包装廃棄物の回避に関する政令………… 36

【ま】

マスキー法………………………………… 137
マテリアルリサイクル…………………… 36
緑の革命…………………………………… 35
ミドリムシ………………………………… 20
水俣病特別措置法………………………… 101
メルトスルー……………………………… 161
メルトダウン……………………………… 161

【や】

有機農業の推進に関する法律…………… 89
容器包装に係る分別収集及び再商品化
　の促進等に関する法律………………… 130
横出し規制………………………………… 132

【ら】

ラドン……………………………………… 164
ラムサール条約…………………………… 152
リグニン…………………………………… 29
レイチェル・カーソン…………………… 19
レッドデータブック……………………… 76
レーヨン繊維……………………………… 38
労働安全衛生法…………………………… 134
ロックフェラー財団……………………… 83

【わ】

ワシントン条約…………………………… 152

【著者紹介】

# 勝田　悟（かつだ　さとる）

1960年石川県金沢市生まれ。東海大学教養学部人間環境学科・大学院人間環境学研究科 教授。工学士（新潟大学）［分析化学］，法修士（筑波大学大学院）［環境法］。

＜職歴＞政府系および都市銀行シンクタンク研究所（研究員，副主任研究員，主任研究員，フェロー），産能大学（現 産業能率大学）経営学部（助教授）を経て，現職。

＜専門分野＞環境法政策，環境技術政策，環境経営戦略。

社会的活動は，中央・地方行政機関，電線総合技術センター，日本電機工業会，日本放送協会，日本工業規格協会他複数の公益団体・企業，民間企業の環境保全関連検討の委員長，副委員長，委員，アドバイザー，監事，評議員などをつとめる。

【主な著書】

［単著］

『ESGの視点—環境，社会，ガバナンスとリスク』（中央経済社，2018年），『環境学の基本（第3版）』（産業能率大学，2018年），『CSR 환경 책임（CSR環境責任）』（Parkyoung Publishing Company，2018），『環境概論（第2版）』（中央経済社，2017年［第1版2006年］），『環境責任—CSRの取り組みと視点』（中央経済社，2016年），『私たちの住む地球の将来を考える—生活環境とリスク』（産業能率大学出版部，2015年），『環境保護制度の基礎（第3版）』（法律文化社，2015年），『原子力の環境責任』（中央経済社，2013年），『グリーンサイエンス』（法律文化社，2012年），『地球の将来—環境破壊と気候変動の驚異』（学陽書房，2008年），『環境戦略』（中央経済社，2007年），『早わかり　アスベスト』（中央経済社，2005年），『知っているようで本当は知らないシンクタンクとコンサルタントの仕事』（中央経済社，2005年），『環境情報の公開と評価—環境コミュニケーションとCSR』（中央経済社，2004年），『持続可能な事業にするための環境ビジネス学』（中央経済社，2003年），『環境論』（産能大学；現　産業能率大学，2001年），『汚染防止のための—化学物質セーフティデータシート』（未来工学研究所，1992年）など

［共著］

企業法学会編『企業責任と法—企業の社会的責任と法の役割・在り方』（文眞堂，2015年），『文科系学生のための科学と技術「光と影」』（中央経済社，2004年），『現代先端法学の展開［田島裕教授記念］』（信山社，2001年），『薬剤師が行う—医療廃棄物の適正処理』（薬業時報社；現　じほう，1997年），『石綿代替品開発動向調査［環境庁大気保全局監修］』（未来工学研究所，1990年）など

# 環境政策の変遷——環境リスクと環境マネジメント

2019年10月20日　第1版第1刷発行

著者　勝　田　　　悟
発行者　山　本　　　継
発行所　㈱中央経済社
発売元　㈱中央経済グループ
　　　　パブリッシング

〒101-0051　東京都千代田区神田神保町1-31-2
電話　03 (3293) 3371 (編集代表)
　　　03 (3293) 3381 (営業代表)
http://www.chuokeizai.co.jp/
印刷／三英印刷㈱
製本／㈲井上製本所

© 2019
Printed in Japan

＊頁の「欠落」や「順序違い」などがありましたらお取り替えいたしますので発売元までご送付ください。（送料小社負担）

ISBN978-4-502-32111-5　C3034

JCOPY〈出版者著作権管理機構委託出版物〉本書を無断で複写複製（コピー）することは，著作権法上の例外を除き，禁じられています。本書をコピーされる場合は事前に出版者著作権管理機構（JCOPY）の許諾を受けてください。

JCOPY〈http://www.jcopy.or.jp　eメール：info@jcopy.or.jp〉